因为爱
所以幸福

陈娟坡 编著

Because of love,
so happy

爱是纯洁的，
爱的内容里，
不能有一点瑕疵；
爱是至善至诚的，
爱的范围里，
不能有丝毫私欲。

煤炭工业出版社
·北京·

图书在版编目（CIP）数据

因为爱，所以幸福/陈娟坡编著．－－北京：煤炭
工业出版社，2018（2022.1重印）

ISBN 978－7－5020－6459－4

Ⅰ．①因… Ⅱ．①陈… Ⅲ．①幸福—通俗读物 Ⅳ.
①B82－49

中国版本图书馆 CIP 数据核字（2018）第 015228 号

因为爱　所以幸福

编　　著	陈娟坡
责任编辑	马明仁
编　　辑	郭浩亮
封面设计	浩　天

出版发行　煤炭工业出版社（北京市朝阳区芍药居 35 号　100029）
电　　话　010－84657898（总编室）
　　　　　010－64018321（发行部）　010－84657880（读者服务部）
电子信箱　cciph612@126.com
网　　址　www.cciph.com.cn
印　　刷　三河市众誉天成印务有限公司
经　　销　全国新华书店

开　　本　880mm×1230mm$\frac{1}{32}$　印张　$7\frac{1}{2}$　字数　150 千字
版　　次　2018 年 1 月第 1 版　2022 年 1 月第 4 次印刷
社内编号　9339　　　　　　定价　38.80 元

前 言

或许很多人都在追求着幸福，然而，他们却从没有搞清楚，属于自己的幸福到底是什么。正如卞之琳《断章》中所写的那样，"我们常常看到的风景是：一个人总在仰望和羡慕着别人的幸福，一回头，却发现自己正被别人仰望和羡慕着。"

许多人都有这样的感受，仿佛幸福总是在山的那一边，遥远的犹如隔着远山的风景。其实，并不是我们的身边缺少幸福，只是因为我们的目光总爱盯着远处的地方。

其实，我们每个人都拥有着属于自己的幸福与快乐，只不过我们眼中常常看到的总是别人的幸福，而自己的幸福却不会被发觉。幸福其实一直就在我们身边，在我们的生活中，也在我们的心里。幸福是一种态度，只有我们学会了端正自己面对生活的心态，才能够真正地得到幸福。幸福也需要一种能力来获取，它与我们创造财富与成功的能力一样，是需要我们学习和积累的。

生活中我们难免会遇到这样那样的境遇与挫折，当然也会遇到很多美好与浪漫，不论是身处何地、何时、何境，我们都应该时刻勇敢地面对生活，永远相信生活的幸福，坚信自己走向幸福的能力，大胆地向着幸福的方向前进。

目 录

|第二章|

幸福在哪儿

|第四章|

因为爱，所以幸福

|第五章|

付出也是一种幸福

|第六章|

幸福，用心去感受

第一章

幸福

幸福是什么

　　人的幸福包含了太多的因素，幸福不能够简单地停留在金钱与地位的衡量标准之上，人们没有理由以一个人拥有物质的多少来评定一个人内心的快乐与否，幸福是源自一个人内心的感受。只有我们自己才能够回答它的是与否，幸福不是别人给予的，更不是命运赐予某人的幸运。那么，幸福到底是什么呢？希望每个在这个世界上寻找幸福的人，抽一点儿时间停下你疲惫的脚步，先静下来想一想，幸福的意义到底是什么？

　　科学共产主义的创始人、伟大的革命理论家马克思说："幸福是指人之所以为人的真理与自己同在时的心理状态，包括一切真实的事物、人性的道理、他人的生命甚至动物的生命与自己同在等等，是一种心理欲望得到满足时的状态，是一种持续时间较长的对生活的满足和感到生活有巨大乐趣并自然而然地希望持续久远的愉快心情。"

　　每个人一生最大的追求除了成功，恐怕便是幸福，"幸福"两个字可谓是人们谈论最多的话题。你幸福吗？对于幸福的概念，每个人都有自己不同的理解。

　　有的人说，幸福就是拥有财富，我有了财富，想做什么就去做什么，想买什么就什么，多幸福！有的人说，幸福就是每天都能吃饱穿暖！还有人说，幸福就是和相爱的人白头到老！正所谓"一千个人中便有一千个哈姆雷特"。

　　2011年，两会期间，"幸福"的话题成了热点和焦点。有记者问政协委员："什么是幸福？如何看待'GDP减速，幸福提速'现象？"

　　政协委员詹国枢回答说："需求的满足就是幸福。人的需求，大体两类，一是物质，一是精神。物质之中，吃穿用住行，是最基本的。吃饱穿暖之后，对于用、住、行的要求，就会强烈。时代在发展，低层次幸福满足之后，群众会追求高层次幸福。"

　　政协常委、国务院参事蒋明麟说："幸福是个庞大复杂的话题，不同年龄、不同经历、不同受教育层次、不同世界观，都会影响人们对幸福的理解。幸福是满足人物质世界和精神世界的一种内心总体感觉，是人全面发展的要求。"

没错，对于幸福，大家的说法从未离开过主客观两大层面，一个是物质，另一个便是精神。

从客观角度来说，幸福是个体生存的一种状态，是个体的处境比较。人是生存在一个大环境中的，幸福离不开一个社会的经济发展水平。当前，很多城市将幸福指数纳入经济发展的总体部署之中。

从主观角度来说，幸福是人的一种感受、一种看法。而且，更多的时候，人们是否感受到幸福，很大程度上取决于人的主观感受。也就是说，你是否体验到幸福，取决于你的人生态度、对个体的认识。如果你认为平安便是幸福，那么对你来说，一家人平平安安地生活你就觉得很幸福；如果你认为身体健康，没有疾病便是幸福，那么拥有一个健康的身体，你就感觉很幸福；如果你认为成就自己的一番事业便是幸福，那么，当你通过打拼拥有了自己的事业的时候，你就觉得很幸福。

据对美国家庭的一项调查显示，年收入达到7.5万美元的家庭，幸福感将达到最高值，但如果年收入高出7.5万美元，无论高多少，幸福感都不会再增加，甚至有可能减少。

因此，我们说，在一定的社会条件和社会背景下，一个人是否幸福并不是取决于他的名望、他的财富、他的地位，而是取决于他个人的主观感受。也就是一个人当下的意识对外界世界信息的判断和反馈。

六六在《蜗居》中写道，幸福就是筷头上的肉丝，即使只有那么一点儿，但是彼此的关爱，却是持久的，就像萨提亚让我们学会积攒温暖，传递温暖，当温暖萦绕心间，你就会明白快乐的真谛在于自己的内心……

幸福，在于一个人的内心，它是一个人的主观感觉。一个人是否幸福，要看这个人是否拥有和谐的内心，拥有正确的价值观念，拥有积极的思维方式。拥有这些，一个人无论处在如何的恶劣环境中，他都能体味到幸福和快乐，都能将当下的每个细节转换为幸福和快乐的源泉。否则，即使他拥有很多，也无法体味到幸福的味道。

一位著名的女性艺术家去西藏采风，到达西藏的一个地区，她住了下来，她发现当地非常穷困，藏民生活非常艰苦。女艺术家不禁潸然落泪。可是这些藏民似乎丝毫不觉得自己痛苦，他们开怀地歌唱，欢快而满足的笑由内而外地散发在他们的脸上。女艺术家住了一段时间后，和当地的藏民也慢慢熟悉

起来，当他们知道女艺术家35岁了却还没有结婚，没有自己的
孩子时，这些被女艺术家同情的藏民反而开始觉得女艺术家很
可怜。

幸福是内心的一种状态，内心的一种满足感。它不在于
你拥有多少财富、拥有怎样富贵的生活，它植根于我们内心深
处。当代英国爱尔兰著名《圣经》注释学家巴克莱博士曾指
出：幸福的生活有三个不可缺少的因素：一是有希望；二是有
事做；三是能爱人。

幸福就是这么简单，关键在于你如何去看待它，如何去感
知它。

法国作家卢梭曾经说过："幸福是一种持久的状态，仿佛
不是为世人而设的。世间万物都在连续不断地运动着。这种运
动使任何事物都不可能具有固定的形式。我们周围的一切都在
日新月异，我们自己也在变化更新，谁也不能保证自己明天仍
将爱他今天所钟爱的一切。还是及时地从心理上的满足当中获
得好处吧，切莫因自己的过失而丢开这种满足，但也别指望将
它留住，因为那纯系痴心妄想。我很少见过幸福的人，也许一
个也没见过，但我却常常见到一些心满意足的人。在曾打动过
我的一些事情中，这是叫我感到满足的事情。我认为，这是各

种感觉意识在我的内心情感中产生的一种自然结果。幸福并不具有外表的标志；要想认识它，就得看透一个幸福的人的内心世界，而满足感则是洋溢在眼睛、举止、声调和姿态中的，似乎可以传递给每一个目睹者。难道还有比看到整个民族沉浸在节日的那种狂欢里，看到一个人在迅速而热烈穿过人生迷雾的欢喜中笑逐颜开时的欢乐更甜美的吗？"

有所得却不知满足的人，恐怕世间没有什么能够让他幸福，他只会一直在自我欲望的海洋中挣扎；而生活中一份满足的心态，却能让人洋溢在幸福的海洋中。因此我们说，幸福并不在外面的世界，不在于你拥有什么，它植根于人们的内心，我们通过自己的努力满足了自身需要，便是幸福。

美国艾莫雷大学的精神病学家格里高利·伯恩斯（GregoryBerns）在《满足》（Satisfaction）一书中指出，相比快乐的感觉，满足感更容易让人感到幸福。因为在追寻乐土的过程中，人们容易患上"享乐适应症"。伯恩斯总结道："满足是一种感觉，它折射出人类的一种特殊需求——我们必须为自己的行为找到某种意义。生性开朗、生活富足、彩票中奖都会带来快乐，但人们只能有意识地去做某些事，才能获得满足感。正是这一点造就了今天的世界，人们能通过自己的行为赢得尊重和信任。"

　　没错，幸福的感觉在于内心的丰盈，在于自我追求、自我价值的实现中，在于需要得到满足时的欢愉中！物质享受可以给人带来一定的快乐，但是，当物质达到一定程度时，精神的需求便占据了主动，这时，一个人若是没有一个丰盈的内心，恐怕再多的物质也无法使他感到幸福。

　　对于幸福的定义，积极心理学之父马丁·塞利格曼也曾经说过："幸福包含三个不同的概念，第一是愉快的生活；第二是充实的生活，第三是有意义的生活。对自己所拥有的东西心存感激，对别人的慷慨赠予表示感谢，这比在银行有个大户头更能够创造深入、持久的幸福快乐。"

　　幸福常常就在我们的身边。有的人幸福着自己的幸福，有的人却对身边的幸福视而不见，去追逐一些虚无缥缈的东西。法国雕塑艺术家罗丹曾说过："生活中不是缺少美，而是缺少发现美的眼睛。"同样的，我们生活中并非缺少幸福，而是缺少感受幸福的心灵。

　　有这样一个小故事：

　　很久很久以前，在一个美丽的王国里，住着一位小王子，他总是觉得自己不幸福，便瞒着国王和王后，独自出发去寻找自己的幸福。"幸福是一只美丽的青鸟，它有着世界上最漂亮最耀眼的翅膀，最美妙最动听的歌喉，"王国里的大巫师告诉他，"你找到青鸟之后，只要把青鸟立刻关进黄金做成的笼子里，那么，你就会得到你想要的幸福。"小王子听了，带上一个特制的黄金的笼子，怀着美好的希望和向往便出发了。

　　一路上，小王子抓了很多只青色的鸟，可是，不知什么原因，每次他将鸟放进自己的黄金鸟笼一段时间后，鸟儿便无缘无故地死去了。小王子知道，自己抓的这些鸟，都不是自己的幸福青鸟。

　　小王子在外面找了一天又一天、一年又一年，他的幸福青鸟一直也没有出现。在外奔波了那么些年，他的黄金鸟笼变得旧了，不像之前那般泛着金光，他自己也已青春不再。他开始想念自己的亲人，于是，便回到了自己曾经的王国。可是，王国早已物是人非。国王和王后在他离开王国后没多久，就因为过度的悲伤和思念而相继过世。

　　在荒凉的街头，小王子孤独、落寞地行走着，他忽然感到有人拉住了他的衣角，他驻足回头，那是一位白发苍苍的老人，"大巫师！"小王子惊讶地叫出声来。老人望着小王子，"王子，我对不起你，当初不该鼓励你去寻找幸福青鸟。"说着，老人竟然哽咽起来，他缓慢地从口袋里拿出一件东西，递给小王子，"这是国王及王后临终前要我交给你的东西，希望你好好珍藏。"

　　小王子从大巫师手中接过来一看，那是在自己很小的时候，父王为自己雕的一只小木鸟，小王子双眼含泪地将小木鸟紧紧地抱在胸前，懊悔的眼泪情不自禁地掉落。突然，他怀里的那只小木鸟动了起来，还叫出了声音。小王子惊呆了，然而，也就是在这一瞬间，那木鸟却挣脱小王子的双手，扑闪着翅膀飞走了。原来，这是一只幸福的青鸟，它本来一直陪伴在自己的身边，自己却从没在意过，可如今，它已经飞走了，小王子已经无法将这只幸福青鸟放进自己的黄金鸟笼。

　　你的幸福青鸟在哪里？很多时候，幸福就在我们的身边，它伫立于我们的肩头上，停落在我们的手心中，可是很多时候我们却将眼光放向别处，让脚步去追逐远方的那些并不存在的虚幻之物，就像故事中的小王子一样，忽视了身边最牢靠、最幸福的幸福。

一天，小猫咪问妈妈："妈妈，妈妈，幸福在哪里啊？"猫妈妈对小猫咪说："幸福就在你的尾巴上啊！"小猫咪听了，每天都追着自己的尾巴，可是怎么也追不到。它把自己的苦恼告诉妈妈。猫妈妈笑了，"幸福就在你的尾巴上，你不用刻意地去追逐它，只要你每天快乐地生活，欢快地前行，幸福便自然而然地跟在你的身后！"

幸福就在我们的内心，在我们的身后，只要我们欢快地生活，幸福的尾巴就一直跟随着我们！

幸福是一种包容

越是我们讨厌的，或许也正是我们最在乎的。假如生命不够完美，又或者生活没有给予我们足够完美的日子，那么我们更应该学会包容。包容的力量是伟大的，它可以改变我们最糟糕的心情，可以让一切变得看起来不那么让人难以忍受。

那么从今天开始，让我们包容不够新鲜的空气，包容不够通畅的交通，包容不够可口的食物，包容不够富足的家庭，包容不够完美的爱人，包容你身边所有影响着你良好情绪的一切，因为包容别人会使我们更容易获得幸福。

我的一位同事曾经对我讲述过她的感想：

母亲在20岁的时候便嫁给了父亲，直到今天他们已经在一起度过了40多个春秋。在我从小到大的记忆中，父亲与母亲从来都没有争吵过。他们的关系就像一条山间的小溪一样，淡淡的清澈而朴实。年轻时我从没有真正理解和懂得过他们之间的那种爱情，在我看来父母的一生就像一杯白开水一样淡而乏味，对于人生与爱情他们似乎从来没有过任何的激情，他们的世界里只有工作和柴米油盐。我甚至怀疑过他们是否相爱，他们到底懂不懂爱情。记得自己还曾经对好友说过这样的话，"以后我才不要过像我父母那样的生活，枯燥乏味得让人喘不过气来，他们从来没有体验过浪漫的幸福，这是个多美好和五彩缤纷的世界啊，我一定要有轰轰烈烈的爱情、丰富多姿的生活，我一定要找到真正的幸福。"这话是在我20岁的时候与我最好的朋友讲的，如今我和她都已结了婚，有了自己的家庭和孩子。曾经对未来满脑子憧憬的我和她，在永远无法超越的现实面前，我们的青春与梦想都已流逝在岁月的长河中，剩下的只有些许的回忆，对于生活与理想，由最初的慷慨激情、愤然无畏，到不甘与无奈，最后是一点点的淡漠和坦然。

　　十几年的婚姻生活，我与先生之间的爱情由缠绵热烈到近乎毁灭，由愤怒不解互不相让到握手言和。生活早已不再是我最初想象的那个模样，有时我甚至不知道自己到底是为了什么而活着。十几年，我不知曾有多少次怀疑过自己当初的选择，怀疑过我与先生之间的爱。直到那个秋天我终于病倒在床，先生请了假到医院照顾我，我躺在先生特意为我订的整洁明亮的病房里，窗外天空中的云尤其高。

　　我十分不解，一直那么讨厌我花钱的人这次怎么这么主动地去"浪费"呢？先生是个十分节俭的人，他不喜欢把钱花在他认为没有必要的地方，十几年来因为我花钱的问题，他不止一次与我争吵过，这几乎成了我们之间爆发战争最多的根源。这次我病得虽然不轻，但是医生已讲过没有什么大碍，虽然需要静养观察，但也用不着要住这么贵的单间病房。正当我思考这个问题的时候先生推门进了病房，怀里捧着一盆滴着水珠的粉色康乃馨，尽管心中有些不解，但此时我还是被先生的行为感动了，那一瞬间我仿佛回到了我们热恋时的岁月。我躺在床上闭着眼睛，先生没有发现我已醒了。我还是问了他一个愚蠢的问题："你不是最喜欢守着你的钱吗？干嘛那么舍得让我住这么好的病房，还掏钱给我买花？"先生坐到了我的床边，只回答了一句："因为这对你康复有好处。"此时我的喉咙哽咽了，当我努力平息了情绪睁

开双眼，看到的却是床前好像突然变成了另外一个人的我的先
生。在他已显苍老的身躯上根本看不到年轻时的活力与轻盈，就
连他曾一直引以为荣的满头乌发也毫不留情地褪成了白色，我不
仅随口问出："你的头发怎么白了那么多？"先生淡淡地回了我
一句："噢！这几天没有顾得上染。"

　　或许是因为这容易令人伤感的秋季，或许是因为先生给
我的感动，也或许是因为此刻我躺在病床上的无助，更或许是
身体的休息让我的心灵也同样得到了一刻的静思，先生的这句
话让我突然意识到，这么多年来，自己对他的关注已变得有多
么的少，甚至不如家里养的一盆花。我真的不知道他是从何时
开始染发的。这么多年，他的优点被我淡漠了，他的缺点被我
一点点的放大，我只记得了他对我的伤害与误解，我只记得了
他到处乱丢东西，他总是因为我花钱而阴沉的脸。我只记得我
为了孩子与家庭所有的放弃和付出，但我没有看到他也同样放
弃了许多爱好与乐趣，我更没有看到他的辛苦和压力。直到此
刻，直到我看见先生转过身坐在床边，落到衣角的眼泪，我才
突然明白了许多，其实他比我更脆弱。

　　那一刻我猛然想到了我的父亲与母亲，我突然觉得先生是那么的亲切，我是那么的幸福。我有一种想要拥抱先生的冲动，我想抱紧他对他再说一次十几年都不曾再说过的话，我想告诉他其实我是幸福的，只是我一直都不知道这就是幸福。

　　但是，我没有说出口，我只是握住了先生温暖的大手，我在心里发誓，我一定要学会包容。因为十几年的时间他都没有因为我的坏脾气而嫌弃我，而我也没有因为他对我的种种伤害而离开他，因为我们对彼此都舍不下，因为我们相爱。

　　有人说婚姻就是一对相爱的男女，为了爱而相互妥协与包容的一个漫长之旅，我很感谢我的父亲与母亲用他们的爱，为我树立了最好的榜样。我也庆幸在我还不算年老的时候，我终于在生活的感悟中懂得了包容。

　　人生有时候就是这样，事实上生活已把最珍贵的东西摆在了你的面前，而贪婪的人们往往为了追求虚无的幻想而看不到身边人给予我们深厚的爱。越是我们深爱的，就越是要求得过于苛刻。其实真正的幸福不是骤然的狂风暴雨，也不是海枯石烂的永恒，它流于心间，像淡淡的泉水，宁静地流淌，滋养心田。

　　总之，包容并不等于懦弱或顺从，包容是因为爱。

幸福是相互理解

　　相互理解是人与人之间相处过程中一种必须的态度，只有建立在相互理解的基础之上，人们的感情才会长久和甜美。

　　当工作中出现差错时，我们得到同事的理解，他们给予我们真诚的帮助，此时我们是幸福的；生活中与朋友相处我们不可能永远面面俱到，当我们因为一些不得已的原因而伤害了朋友的感情，我们得到了朋友的理解。因为是朋友，所以他理解你的难处，此时，我们是幸福的；当我们恋爱时，总是希望能够给深爱的对方最美好的印象与生活，可是人无完人，我们总是有着这样那样的缺点和不足。但我们还是得到了恋人的理解与爱，此时，我们是幸福的；家庭是人们停靠的温馨港湾，但是矛盾在这里仍然普遍存在着，当我们与亲人争吵过后，得到了对方的谅解与拥抱，此时，我们是幸福的。

　　人与人之间的关系就如每个齿轮的咬合一样，两个齿轮的咬合度越高，彼此的凹凸配合越是默契，它们的使用寿命和工作效率也就越高。同样，人与人之间相处之时假如都能够站在对方的立场去考虑问题，理解别人的心意与困难，那么，这个世界将会有更多的和谐与快乐，我们会不断地向幸福前进。

　　特莉与西顿都是搞艺术工作的，特莉是学油画的，毕业后一直在自己搞创作，而西顿则是小有名气很有前景的音乐制作人和歌手。特莉与西顿结婚时在近郊购置了一套还算可以的新房，房子是一个双拼的别墅，他们的房间是三层与四层，同幢楼里一二层住着的是一对老年夫妇和一条看上去很可爱的小狗。两个人为了更方便工作和生活，结婚后还能够给对方很好的个人空间去搞创作，他们在房间的三层，设计了两个完全独立的工作室，把卧室和生活空间完全放了四层。他们非常喜欢顶层的露天平台，特莉与西顿想象着今后他们可以经常在上面看骄艳的日出和妩媚的晚霞。尽管房子不大，但是郊区的风景和空气都很好，房子附近的生活设施也很齐全，他们可以就近购买生活必需品，不用驾车到很远的市区，这为他们节约了很多的时间。

　　婚后蜜月旅行结束了，他们终于可以在属于自己的完美空间里愉快地生活了。蜜月是甜美而幸福的，尽管很快结束了，但新婚的幸福仍旧在他们全新的二人世界里继续着。时间在幸福面前总是过得很快，幸福也给他们的工作也带来了巨大的好运。西顿创作的一张新唱片大卖，人们的反馈非常热烈。婚后西顿的事业可谓是蒸蒸日上，应酬也比以往任何时候都多了，各种宣传活动与行内的聚会让他忙得不可开交。而此时特莉又带给了西顿一个更好的消息，她怀孕了。当特莉满怀着幸福与憧憬地把这个消息告诉西顿时，西顿的反应却深深地伤了特莉的心，西顿得知特莉怀孕的消息后，一点儿都没有表现出任何的喜悦，只是回了特莉一句"是吗？"就继续不停地与特莉谈论着自己那张大卖的新唱片和未来的事业前景。

　　特莉很伤心，她没有与西顿争吵的欲望，可此时西顿的电话又响了，她知道一定又是经纪人给他安排的什么活动，因为自从西顿新唱片大卖之后，他就经常这样半夜里丢下自己一个人跑出去。西顿吻了一下特莉，丢下一句话："亲爱的，关于你怀孕的事，我会认真考虑的，但是现在我必须得出去了，你自己先睡吧！"

　　西顿选了一套帅气随意的衣服，跑到了楼下，特莉坐在空空的房间里，听着西顿远去的车轮声，特莉突然感觉自己的心空了。今夜好像不是自己与西顿暂时的分别，而仅仅是一个离别的开始。

　　这一晚特莉一夜没睡，而西顿直到第二天早上5点钟才从外面疲惫地回到家中。西顿以为妻子还没有醒，洗了个澡在房间的沙发上睡着了。当西顿睡醒后他发现了妻子留给自己的一张纸条。

　　上面写着："亲爱的西顿：我一夜没有睡，想了许多，我想或许你已经不再爱我了，但我仍不相信我们的爱会消失得这么快。我很难过，你不喜欢我们的孩子，或许你还不想做一个父亲，或许你担心孩子会拖累你的事业，但是他是我们爱情的结晶，是属于我们两个人生命的延续。我不知道应该怎么跟你讲，我怀孕了，并且我想生下这个孩子，可我更担心我们之间的感情和未来，我不知道此时我应该怎么办。我给妈妈打了电话，告诉了她这个消息，她让我回家住一段时间，你照顾好自己，我走了。你的特莉！"

西顿看完特莉的留言，才突然想起昨晚妻子对自己说的话，她说她怀孕了。是的，特莉怀孕了，自己要当爸爸了，我为什么不高兴呢，我为什么什么都没有对特莉讲呢？我为什么反应那么冷淡呢？我没有不想要孩子，可我为什么对她说我要考虑一下，我考虑什么呢？我怎么可能不再爱特莉了，我是多么的爱你啊我的宝贝。西顿忧心忡忡地拨通了特莉母亲家里的电话，接电话的刚好是特莉。

西顿在电话里真诚地向特莉道了歉，特莉也很感动，两个人的误会很快消除了。特莉在母亲家住了一天，便被西顿接回了自己的家，两个人和好如初，还一起给未来的孩子起了名字。特莉每天都因为腹中胎儿的变化而感到激动和幸福。

几个月很快过去了，孩子终于出生了，而西顿也在生活的磨砺中迈出了理解特莉的第一步，有时候她更像是一个容易伤感的孩子。而妻子也终于理解了西顿拼命地工作正是因为对自己深深的爱。

西顿为了给自己妻子最好的生活，奋力地工作，甚至有些疯狂。他在繁忙的工作中逐渐地忽视了自己的妻子，不是因为不爱或者是有任何的变心，相反，是因为他太爱特莉了，但他却犯了一个巨大的错误。在西顿的心中特莉就是他的女神，从他第一次在海边见到拿着画笔像天使一样的特莉那一时刻起，他就彻底地爱上了她。而相识后愉快默契的相处和特莉的善解人意，使西顿从来没有怀疑过自己对特莉的爱，他觉得自己完全知道妻子喜欢什么，他也同样认为特莉也是了解自己的，他相信他们一定会成为世界上最幸福最浪漫的一对。他相信特莉与自己有着同样的梦想。结婚时他就下定决心，要努力地工作给特莉最好的生活、更大的房子，他要带着她周游世界，让她享受公主般的待遇，让她成为世界上最幸福的女人。西顿时刻想象着这一天到来时特莉幸福的笑脸。西顿觉得只有那样的生活才配得上在他心里最美丽善良、最与众不同高贵的妻子。

可是特莉真的想要这些吗？有时候女人是非常喜欢物质所带来的虚荣与享受，但是物质的拥有并不能够完全代表幸福，在平淡的幸福与空洞的物质之间，女人更希望得到幸福。西顿不想幸福吗？当然不是，他是个很有责任感的男人，他深爱着妻子，视妻子的幸福为自己的幸福。但他的行为却让特莉很伤心。这一切只是因为他没有了解妻子的心，没有了解妻子想要的真正的幸福到底是什么。男人与女人的思维方法与处事方法可能永远都无法达成一致，所以，生活中男人与女人之间，更应该多一些相互理解，理解对方越多，自己获得的幸福和快乐也就越多。

生活是很琐碎的，生活也是很复杂的，生活更是充满艰难与挑战的。生活中不论男人或女人都要承担着各自不同的角色并承担相应的责任与义务。或许我们因为相爱而成为了夫妻，或许我们因为血缘而成为了兄弟，或许我们因为缘分而在一起共事，或许我们是在马路上相遇互不相识的陌生人。不论我们是否相识，是怎么样的一种关系，我们都应该相互理解，理解会让生活变得轻松愉快，理解远比憎恨与误会更幸福。

所以，理解不是单方面的主观意识与需求，理解应建立在双方相互体谅的基础之上。

幸福是一种付出

有时候付出真的比得到还要更加快乐，伟大的母爱就见证了这个现象的真实存在。当然不止是母亲的爱，这个世界上所有的爱都在付出中体验着快乐与幸福。我们对别人付出爱，是因为我们内心情感的需要；我们对生活与事业付出努力是因为我们心中有目标；我们付出而不强求回报，是因为我们拥有一颗平常心；我们不吝啬对别人给予我们所能给予的，因为给予时我们感到真实的快乐，因为我们懂得生命的美丽与珍贵。

有时候付出是一种得到，更是一种快乐，然而在日复一日现实而残酷、琐碎的生活中，人们总是不能够记得"付出"也是一种幸福。"付出"在实施的过程中被曲解后人们就会产生一种心理不平衡感，付出不是简单的施舍与一味地给予，更不是表面上虚伪的敷衍，付出需要我们真心诚意，而不求回报。

　　人们总是把自己因为某些原因而不能够得到或放弃的事情，归结在别人的头上，无论是什么事情人们往往首先想到的是自己的得失，而不去想一想爱本身就是需要付出的。如果一个不舍得对别人付出情感与爱的人，又怎么会真正得到永恒的幸福！无怨无悔的真心付出是一件快乐的事，在我们走向幸福之前，应该首先学会付出。

　　陈子明大学毕业后被分配到国家机关工作，刚刚到单位不久，他便展露出让人瞩目的工作能力，深得领导的喜爱与器重，很快被提升成了副科级干部。陈子明的母亲是一位善良而又非常有见识的女性，她望子成龙，希望儿子能在单位得到更好的发展，为了儿子的前途她在儿子刚到单位不久的时候就嘱咐儿子，一定不能够在自己所在的单位找女朋友，因为那样一定会耽误他的前途。可是，正如母亲所料，没过多久，陈子明喜欢上了单位的一个叫小露的女临时工。小露虽然长得很漂亮但却没有很高的学历，可是陈子明无论如何，都没能克制住自己对小露的那份情感。因为小露很特别，除了清纯略带忧伤的美丽外表，她更有一颗十分上进的心，虽然因为家境原因而中途辍学，但她却十分喜欢读书，总是在工作之余看许多许多的书。

　　在陈子明的追求下小露没能拒绝不期而至的爱情，两个人终于走到了一起。从那个飘雨的夏日开始，直到空中飘落的小雨变成了白白的雪花，爱情之花在他们之间开放了。尽管陈子明是家里的独生子，一直都不懂得关心照顾别人的他，却对小露照顾有加，呵护得无微不至。可是，这种甜蜜的幸福持续的时间并不是很长，当他们的爱情被单位的领导知道后，陈子明就再也没能够瞒住自己的母亲。从此陈子明在单位与母亲的压力下陷入了痛苦的挣扎之中。他不愿意单位的领导误解自己的为人，也不想让母亲生气担忧，可他更不会让小露伤心落泪。就这样陈子明扛着重重的压力，总是在睡梦中因为梦到小露的离开而哭着醒来。即使是这样的痛苦，他也始终没有放弃对小露的爱与责任，他鼓励小露继续上学勇敢地追求自己的理想，就这样小露在陈子明的支持下辞去了工作，开始了继续求学的努力。在陈子明的努力下，善良的母亲也接受了小露，小露很顺利地考上了当地的一所职业学校，陈子明一边工作一边供小露上学，小露漫长而又短暂的学习生活开始了，陈子明看着她一步步朝着自己的理想迈进着。由于陈子明对小露真诚的爱，他们两个人的爱情终于也被单位的领导接受了，单位的人不再像以前那样说他们之间的闲话，批评陈子明的作风问题了，此时相信了陈子明对小露真诚的爱。

一天，单位一位年长的同事，与陈子明聊到了小露，同事问陈子明："子明，你现在支持小露去上学，难道不怕把她供出去后，她甩了你吗？你怎么知道她真的想嫁给你？万一她只是在利用你，到时你不是人财两空吗？"陈子明沉思了一下，轻轻地答道："不怕，她不是那种人。即使她因为爱上了别人而与我分手，我也不会后悔，只要她能够幸福就行。"

就这样，三年的求学生活，在陈子明的支持与鼓励下，小露终于毕业了。小露毕业后找到了一份自己喜欢的工作，两个人终于走向了婚姻的殿堂，不久生下了一个可爱的儿子，过着幸福的生活。

在陈子明的爱的呵护与支持下，小露弥补了一生中最大的遗憾，同时还拥有了最幸福的婚姻。小露是个幸运的女孩子，也是个懂得珍惜的女孩儿，她遇到了一个优秀而善良的陈子明，陈子明用自己真诚的爱，感动了所有人，换来了母亲与单位领导对他爱情的祝福，他更用自己不求回报的真心付出为小露与自己的人生换取了幸福。

　　但我们假设，如果陈子明的同事说的话成了现实，小露最后没有嫁给陈子明，我相信，那也一定是小露的不幸，因为有一份最真诚的爱摆在了她的面前，而她却不懂得去珍惜。而对于陈子明，虽然结局会是一种痛苦，可是最终他一定会为自己曾经的付出而感到释然，至少他不会留有任何的遗憾，因为自己曾经为了爱情而真心地付出和努力过，即使对方因为任何原因而没有选择自己，即使痛苦是一种必然，但至少陈子明不会为过去的行为而后悔。

　　生活中有太多的人，都曾因为不懂得付出而丢失了拥有的爱情。男人女人们往往会在相爱时还不忘记相互计算一下，谁爱谁多一些，谁对谁更好一些，难道用斤两计量着付出的爱情会得到真正的幸福吗？世间不论是哪一种感情，如果你抱着想要得到什么的前提去对别人给予的时候，那这种感情就会变得不再纯粹和恒久了。

　　有一种收获是痛苦，有一种幸福叫付出。幸福其实是一种付出，当你能够为了一个人的欢笑，真心付出而不去计较得与失的时候，你一定是幸福的。

幸福是真心赞美

当我们真心赞美别人或得到别人真心赞美的时候，我们便是最美丽最幸福的人。懂得赞美别人是一种美德，一个不会赞美别人的人，生活中会丢失很多快乐，甚至会因此而远离幸福。

真心的赞美是快乐的，真心赞美是人与人之间最好的沟通方式，赞美能使我们获得无比幸福的力量。当我们每天清晨起床，就应该首先说一句赞美的话，我们可以赞美爱人的可爱睡姿，我们可以赞美爱人早起准备的可口饭菜，走出房间我们可以赞美天气的宜人，进入办公室，我们可以赞美同事的合体穿着。总之，让我们从每一天的开始就真心地赞美一切值得赞美的事物，我们就一定会快乐。如果不信你可以尝试一天体验一下效果如何？

记得关于爱情和婚姻有一种说法叫作"三年之痛，七年之痒"。我曾经对这句话的表面理解是：情侣或夫妻两个人在一起生活到一定时间，会产生一种相互厌倦的情绪，而罪过都是因为我们无法超越和控制的时间。可事实上，夫妻生活的乏味和濒临崩溃绝不能够仅仅归结给时间。

大多数时候人们可能从小就会接受来自父母或老师这样的教导，要学会与朋友或同学相处，可是当我们长大成人后，却很少有人指导我们如何去与爱人相处。我们从来很少赞美自己的爱人，或者你会觉得每天在一起相处实在是没有什么可以让你赞美的地方，对于爱人我们总是吝啬一句真心的赞美。因为我们很少会注意与自己爱人的沟通技巧，觉得对爱刻意的赞美会让彼此之间的关系显得疏远和肉麻，甚至有人觉得这完会没有必要。然而，真的是这样吗？想一想如果你能够经常得到爱人真心的赞美，那你还会觉得他或她不够在乎你，还会经常有失落感吗？

陈晨与老公佳豪都在电视台工作，都是电视节目主持人，恋爱4年结婚6年，在一起相处了整整10年的岁月，10年中两个人从热恋到结婚，在感情的路上经历了激情，也曾有淡漠与波澜，但最后还是携手走到了如今的默契相知，由相爱到疑惑，由疑惑到豁然的领悟。他们的路还很长，幸福还需要他们用心努力去经营和守候。

我们知道对于从事艺术工作的男人女人来说，因为摆在他们面前的诱惑太多，所以在情感上他们往往比从事其他工作的人更容易有变迁。陈晨与老公从相恋到结婚走过了近10年的岁月，难道他们有什么样的相处秘诀吗？

那是一个盛夏周末的夜晚，在北京一所著名的传媒大学校园里，一位长相清秀、双眸含情的大一女生走入了佳豪的视线，他不禁注目了许久，两个人目光相对的那一瞬间恰好被旁边的师弟看到了。"怎么师哥要不要我给你介绍一下啊，那可是二班的1号美女啊，追她的男生后面可有一个排啊！可是人家通通都不理。""是吗？我不需要你介绍。"佳豪就这样径直向那个女孩走了过去，站在她的面前轻轻地说了句："你好，我能认识眼前如此迷人的你吗？"佳豪的师弟以为他一定会被女孩骂一通的，但结果是令人意想不到的，女孩竟没有被佳豪的鲁莽赞美吓到，还说了声谢谢！这个女孩便是陈晨。就这样佳豪在一次回母校的机会中遇到了自己的爱人，并与之相恋了三年。陈晨大学毕业后被分配到电视台做编导，而此时她也接到了佳豪送给自己的求婚戒指。新婚旅行是最为难忘的，幸福的生活终于在婚姻中以一种最为稳定的形式得以继续。

　　生活是现实的，婚姻生活更是点点滴滴的积累，对于追求事业的年轻人来说事业压力重重，佳豪比陈晨早工作三年，所以此时他的事业正处于向上爬的高峰期，出差加班所有的一切还是导致了陈晨的失落，甚至不满。陈晨觉得佳豪自从结婚后越来越不关心自己，甚至于几乎很少多看自己一眼了，这让陈晨备感失落。对于刚刚参加工作的陈晨来说，台里的竞争也是非常激烈的，此时陈晨最多希望能够得到老公的鼓励与支持。

　　陈晨是个聪明的女孩，更是个贤惠的好太太，她没有像大多数女人那样去指责老公，或者是耍小性子。陈晨终于等到了一个老公不加班的周末，对佳豪说："亲爱的，还记得我们是怎么认识的吗？""当然。""那你知道我为什么拒绝了那么多人的追求而接受了你吗？""知道啊，因为我比他们都优秀呗！""是啊，你知道吗？从我第一次见到你的时候我就觉得你是个很优秀的人。""那当然了！""那你知道我为什么嫁给你吗？""这个，当然是因为我们相爱了！""相爱是一个

基础，更重要的原因是我觉得你是最懂得欣赏我的人，我永远
都不会忘记我们第一次见面你对我那么真诚的赞美。"

佳豪听到陈晨这么动情地回忆初次相识的情景，他的思
绪也不由得被带到了三年多前，突然佳豪终于明白了陈晨的意
思。他觉得自己最近确实很少关心自己的太太，记得就在昨
天，陈晨兴致勃勃地为自己试穿刚买回来的一条裙子，而自己
竟然连看都没看就不负责任地说了句"好"。佳豪轻轻地拥过
陈晨，在她耳边真诚地说了句："对不起我迷人的老婆，现在
不仅仅迷人，还越来越聪明了。"

这就是佳豪与陈晨婚姻幸福的秘诀，相互真诚地赞美和欣
赏，近10年的婚姻，即使争吵了，争吵过后他们都尽可能地在
心中找寻对方的优点，就算是争吵过后不好意思当时说出口，
但这能够令自己更早反省自己的过错，更快地原谅对方的错。
每一对夫妻或情侣都有其不同的性格，也就会有不同的沟通方
式，但真诚的赞美永远都会是双方相处最好的润滑剂。当我们
听到爱人赞美自己时，或者是真心赞美爱人时，这时刻是一种
无比的幸福。

　　世界上没有完全一模一样的人，或许每个人都不可能足够完美，但每个人身上都有别人没有的特点，每个人身上都有值得让人们赞美和欣赏的地方。

　　当我们与人交往时，首先应该学会以欣赏的眼光看待别人，学会包容别人的缺点和失误，当我们发现了一个人身上的闪光点时，我们更应该及时地表示赞美和喜欢。欣赏与赞美是我们融洽人际关系的法宝。

　　当情侣初恋时，会经常花前月下、卿卿我我，似乎再多的甜言蜜语与赞美之词都不足以表达心中对彼此的爱意。可随着时间的推移，往日的恋人成了夫妻，两人之间就很少再有花前月下了，此时甚至连一句赞美之词都会吝啬给予了，生活中的相互批评、抱怨与指责逐渐代替了恋爱时的甜言蜜语。人们或许觉得结了婚就等于进入了爱情的保险箱，再也不必费心去赞美和讨好对方了，因此争吵甚至会升级到打骂，婚姻也就真的成了"爱情的坟墓"。

　　在婚姻生活中，我们更不应该忽视对对方的欣赏和赞美，有一句俗话，"良言一句三冬暖"。生活中不论是妻子还是丈夫都需要得到爱人的欣赏，尤其是妻子，更喜欢自己的丈夫能够看到自己身上的优点及美丽，"女为悦已者容"，女人的美

丽和打扮一切都是为了懂得欣赏她的那个人，没有一个妻子会
厌烦丈夫对自己的赞美和欣赏。

　　如果一个正在厨房为家人的晚餐而忙碌的妻子，炒好菜后
能够得到下班回来丈夫的一句赞美，那她即使天天都如此忙碌
也不会对此产生怨言。哪怕她心里明白你只不过是刻意在讨好
她哄她开心，她甚至会觉得此刻自己是最幸福的，或许明天她
还会更加用心地为丈夫准备晚餐。可是多数丈夫往往并不懂得
赞美的艺术，他们总是把妻子的付出与辛劳看作是理所当然，
似乎家务事就是妻子应尽的天经地义的责任。所以，即使妻子
很辛苦地为他准备饭菜，他也很少会主动赞美一句，甚至还会
对妻子做的饭菜挑三拣四。试想面对这样的状况，哪位妻子会
对做饭保持永久的积极性呢？

　　如果一位丈夫在工作与事业上受到了限制和挫折，他一定
会渴望得到妻子的支持与鼓励。而当丈夫在回到家将工作中的
困难向妻子讲的时候，妻子的态度也一定会对他起到至关重要
的影响。假如是一个聪明智慧的妻子，她一定会用自己女性特
有的温柔，帮助丈夫放松心情排解压力，她会说："亲爱的老
公，我相信你的能力，你是我心中最优秀的老公。"而妻子如
此鼓励的话语也一定能够使丈夫勇敢地克服困难，走向成功。

相反，如果妻子对此漠不关心，甚至再加上几句讥讽的话，这样不仅不能够帮助丈夫解决任何问题，而且还会伤害到丈夫的自尊心和彼此的感情。

事实上夫妻之间的互相批评挑剔，只会使夫妻关系慢慢变得脆弱、冷淡。

真诚的赞美，不是虚伪的奉承，我们需要别人的赞美，更需要赞美别人，赞美是一种幸福。夫妻之间只有毫不吝惜地相互赞美，让彼此深刻感受到爱意与体贴，才会让婚姻在赞美声中走向成熟，永远向着幸福前进。

幸福是永远珍惜

在很久以前，曾有一只稚嫩的小海鸥，它毫无目标，看不清世间的险恶，只身在大海上空飞翔。

上帝看到了那么孤单幼小的它，便赐予了小海鸥一份珍贵的礼物。

就在一个清凉盛夏的夜晚，在骄美月光的照耀下，海鸥找到了一座美丽而富饶的海岛。当海鸥靠近海岛，海鸥第一次有了莫名的心跳，既紧张又兴奋。岛上到处都是一种最美丽的花，花的名字叫"爱"，那花香令海鸥淘醉痴迷。当海鸥飞近海岛，便被海岛的伟岸与美丽深深吸引，海鸥无法自拔，那么情不自禁，就好像这里曾经就是它的家，而今生也注定不会错过样。

　　时间过得飞快，海鸥与海岛如胶似漆地相处着，小海鸥停留在海岛温暖的怀抱中，忘记了海边的寒风，也忘记所有的恐惧，海岛宠爱着这只无知的小海鸥，用心轻轻地呵护着它，为它细数着一个又一个人生中的第一次体验。就这样，海鸥一天天地长大。然而，小海鸥在练习飞行的时候离海岛的距离，一次比一次远了，海岛很担心它；一天，它与小海鸥聊天，小海鸥问海岛："亲爱的，你对我这么好，你对我有什么期望吗？"海岛静静地对小海鸥说："你是一个善良勤劳的孩子，我只希望有一天你不要学坏。"就这样小海鸥在海岛的鼓励与呵护下，完成了一次又一次的飞行，而小海鸥停留在天空的时间也变得一次比一次久了。

　　海岛静静地看着小海鸥的变化，可是它知道自己不能改变什么，小海鸥是有翅膀的，如果想要给它快乐，就一定要让它飞翔，自己没有理由用"爱"把小海鸥禁锢。终于，小海鸥在海岛上吃饱后飞远了，而这一次却成了长久的离别。海岛望着远去的小海鸥，多想在它的身上系一根长长的永远不断的线，可它不能够。海岛期待着小海鸥有一天能够归来，可小海鸥还是渐渐地淡忘了海岛，在碧蓝的天空中它似乎早已不记得海岛上那醉人的花香，然而它不知道因为它的不知珍惜，上帝在它飞远后不久，便搬走了海岛，当小海鸥悔悟的时候，一切都不再可能是从前的样子了，因此小海鸥再也没有找到海岛，它失去了那份爱。

许多年过去了，小海鸥长大了，褪去了身上的稚嫩与青涩，变得成熟开始懂得了爱，此时它越来越懂得多年前海岛上的"爱"，小海鸥越来越思念海岛。这份思念经过岁月的洗涤，变得越来越浓。可是，小海鸥只能在无尽的思念中到梦里去回味海岛的点点滴滴。小海鸥有时也会默默地在内心祈祷，它希望上帝能再给自己一个机会，希望还能重回海岛的怀抱，哪怕只有一次。

所以，人应该在拥有的时候学会珍惜眼前的所有，这世间就会少有许多的遗憾。

一个懂得珍惜的人，就会拥有更多的幸福与快乐，相反，即使一个人拥有的再多，如果他不懂得珍惜，那么他也相当于一无所有，因为在他拥有时他无视于所拥有事物的价值，自然是无法体味到拥有时的幸福了。

其实，上帝对每个人都是公平的，如果他从一个人那里拿走了一些东西，那么上帝一定会想办法在其他的地方弥补给他。人们不应该因为自己的无知和愚蠢忽视了所拥有的幸福，而来指责上帝的不公。

当我们学会了珍惜，幸福就会降临在我们的世界，你会发现平时被你忽略的一切都变得那么美丽和重要，珍惜会让你瞬间成为最富有、最幸福的人。

或许你是一位被老公呵护有加的女人；或许你是一位被老婆关爱尊崇的男人；或许你把对方为自己付出的一切都视作了习以为常的理所应当；或许你从不曾用心地体味过爱人每天为了让你开心而付出的所有；或许这一切你平时不以为然的关爱，直到你失去时，才顿然感觉到它存在的重要。可是，我们能不能在失去前就学会好好珍惜呢？至少当我们失去时，不用再流下悔恨而没有任何意义的眼泪。

岁月的年轮慢慢地见证着小曼与江涛如花般烂漫的爱情从花开到花落，而留给两个人的除了满心的感伤与无奈，或许还有夜深时像咖啡般苦苦的回忆掺杂着些许遗憾。这段消亡的婚姻，给小曼与江涛都留下了一颗伤痕累累的心。然而，生活就是生活，经历的就永远都不可能再重新来过，放开手的就无法再追回。

　　深夜里江涛只开了床头的那盏小曼选的台灯，昏暗而微弱的灯光使得房间里更是填满了孤独，离婚时他曾以为自己是获得了解脱，可是在愤懑与绝望之后，江涛才顿然发现自己仍旧深爱着小曼，此时他无法控制自己的思绪，任由记忆一点点地撩开曾经的往事。

　　江涛打了一杯水精心地浇着小曼一直养着的那几盆花，此时这些花因为两个人的分开也受到了重重的打击。与小曼离婚后，它们很少得到别人的照料，已经枯萎得接近死亡了。江涛想要救活它们，有很多瞬间，他都祈祷希望这花能够奇迹般地活过来，而似乎这也就可以预示他与小曼的爱情与婚姻可以重新复活。他想起了小曼一直以来都没能实现的愿望，她一直想要一个孩子，而他对此从来没有表示过任何的兴趣。江涛也不是不想要孩子，只是他总觉得自己还没有做好成为父亲的准备，这绝不是因为自己不够爱小曼或者是有其他的想法和打算，他一定会跟小曼生个孩子的，只是不是现在。他想等到自己有足够的心理准备的时候再要。事到如今他才突然明白小曼为何一直说自己自私，的确他在要孩子这件事情上没有顾及小曼的感受。他只想到了自己还没有准备好，但是有什么还没有准备好的呢？这是小曼问自己的问题，自己从来没有给小曼一个确切的答案。不是自己想隐瞒什么，只是自己讲不清楚，而此时他终于鼓足了勇气，面对自己的内心世界，他承认自己的确很自私，说到底他不想承担更多的责任，他觉得生孩子养孩子要比结婚更加的麻烦。是啊！如果那次小曼怀孕后，自己能够多关心一下她，能够勇敢地面对作为一个男人的责任，小曼也许就不会流产，也许他们就不会走到今天这一步。

　　"江涛，你真的爱我吗？"

　　"你为什么总是问我这么愚蠢的问题，不爱你我干吗要娶你？"

　　"是，或许结婚时你是爱我的，可我问的是现在。"

　　"我不想说了，我明天要上班，关灯睡觉。"

　　小曼，还是把灯关了，但是江涛能感觉到，小曼因为伤心而僵硬轻轻抽搐的身体，小曼一定是哭了，江涛没有做出反应去安慰小曼。自从跟小曼结婚后，不知从什么时候起这个女人变得越来越不可理喻，他想不通女人为什么总是有那么多无聊的问题，似乎不找一些话题用来吵架她就过不舒坦似的。

　　江涛这天特别的忙，他的这个组刚刚因为工作效率的问题被领导批评了一通，办公室的电话响了起来，同事接起电话说：

　　"江涛，你老婆找你。"

　　"噢，谢谢啊！"

　　"喂！上班时间干嘛打电话啊？"

　　"我不舒服，肚子特别疼，我想让你陪我去医院检查一下。"

　　"你不是经常肚子疼吗？喝点儿热水就好了。以后别没事打我办公室电话，有急事打我手机。"

　　"你手机关机了，我打不通啊！"

　　"行了行了，我正忙着呢，我挂了。"

　　小曼平时确实在每个月那几天特殊的日子里，肚子都会疼一两天，可是这一次小曼来月经的日子已经过了快一个月了。因为总是偶尔感觉肚子隐隐地有些涨痛，小曼一直以为这是身体快来月经的一种反应。可今天的这种疼痛是自己以前从来没有过的，她感觉有些不对劲，几秒钟就出了一身的冷汗。

　　疼痛一阵接着一阵，她坚持上完了最后一节课，那种无法忍受的疼又来了，她有些害怕了。此刻，小曼特别希望江涛能够陪在自己的身边。其实每个月自己肚子疼的那几天，小曼也都特别希望江涛能够多陪陪自己，能够表示一下对自己的关心与呵护，就像是恋爱时一样多关注一下自己，可是江涛对于自己的疼痛似乎从来就没有真正在意过。

　　时间久了，一年两年，小曼已经习惯了，她知道即使是自己身体再难受，或者是心里有再多不开心的事，也没必要跟他讲。因为讲了也是白讲，江涛不会有任何反应。小曼已经慢慢开始适应了独自承受生活中的好多的痛苦与不快。比如，每个月的肚子疼，小曼开始知道给自己买个热水袋，或者备些红糖在家里，或者在特殊的日子里注意一下自己的饮食，不吃凉的和辛辣的食物。

　　尽管她还会因为江涛在自己来月经的时候还吵着菜缺辣味而生气。尽管她多希望在夜晚疼痛难忍的时候江涛能倒杯热水端给自己，缓解一下疼痛，但这些只是每次疼痛来临时小曼的一种期望，到最后她觉得这种想法连期望都不算是，那只能算是一个梦想了。

　　这一切她没有对江涛讲过，她觉得有些话有些事是不能讲的，爱不是要求来的，爱应该是主动给予的。所以，她仍旧努力用心地以自己能够做到的方式关爱着江涛，给他做可口的饭菜，给他买舒适的内衣和体面不失品位的外衣。作为妻子，她从没有让江涛操持过家里的一切事务，即便是做一次饭，打扫一次卫生。只有一点她没有忍受也实在是无法让步，她不舒服的那几天里做菜时没有顺从江涛的口味，不像平时那样放一些辣椒，起初江涛每次都会对此提出抗议，后来，小曼不知道是江涛明白了自己那几天做菜不放辣椒的原因还是江涛懂得了抗议的永远无效，总之有好长时间了，在小曼每个月不舒服的那几天，江涛都不怎么回家吃晚饭了。小曼没有问，她也不想问，不是小曼不关心江涛，比起让江涛回家吃饭，小曼现在更愿意自己一个人躺在床上，静静地等待那定期的疼痛快点过去，吃不吃饭已经没那么重要，江涛不回来吃，小曼也就不用再忍着疼痛去坚持做饭了。

　　小曼听着话筒里传出的嘟嘟声，那声音就好像是一首哀伤的歌儿，沉沉地由小曼的耳朵灌进她的大脑，像冰凉的海水一样直击小曼的心脏，继续向下沉、向下沉向下沉，永无尽头地下沉着。此刻，那难忍的疼痛又来临了，它夺走了小曼内心痛苦的机会，将小曼的注意力转移到自己的身体上。

"小曼，你怎么了，脸都白了。"

一个办公室的小吴老师，下课回来看到小曼一脸的惨白，蜷缩着身体，倒在椅子边的地上。小吴喊来了另一位同事，两个人将小曼送到了学校附近的医院急诊室。小曼肚子的疼痛过去后恢复了清醒，她向医生讲述了自己身体的近况，医生建议她挂妇科先做个检查，结果正如医生判断的那样，小曼怀孕了。听到这个消息时小曼是很高兴的，结婚快三年了，她一直想要个孩子，有时会非常羡慕那些当了妈妈的同事，总是骄傲地讲自己的孩子怎么怎么可爱，当医生问小曼孩子要还是不要时，她竟然有些迟疑了。小曼不得不想起自己与江涛之间的感情，想起婚后近三年来的一切，她不禁开始没有信心能给孩子一个安稳幸福的家。

"对不起，医生，我还没考虑好，我得跟家里人商量一下。"

"那好吧！在你考虑好之前，不能随便服用任何药品，会对胎儿有影响，你肚子出现这种疼痛是因为你子宫有炎症。你要尽快决定要不要这个孩子，然后我才能决定怎么处理。"

　　"好的，我今天回家就跟家人说，我想我很快就会做好决定的，谢谢您！"

　　小曼打开那扇每天都会进出的门，走进那个曾给了自己许多浪漫快乐与温暖的家，此时这个家里为什么会充满了那么多女人的哀怨。或许这就是婚姻，或许这就是人们所讲的围城的意思吧。婚姻是爱情的坟墓，这句话小曼是早就知道的，从前这话离自己是那么的远，她从来不曾想到有一天自己的婚姻也会变成爱情的坟墓，她一直对自己充满了信心，她不会让爱情消失在婚姻里的，而现在的结果还是验证了这句该死的不知是谁对婚姻如此恶毒的诅咒！小曼觉得生活好沉重啊，尽管她想努力摆脱那些生活中的种种不快，可是心还是会伤。

　　生活太琐碎了，她顾及不过来，一切都无济于事。有些事根本无法控制，也不知道什么时候自己就触范了什么禁令，快乐还是在不知不觉中被凝固了。她觉得自己与江涛的爱情就像是在温水中逐渐被煮熟的两只青蛙。

　　晚饭的时间已经过了，小曼没有力气起床去做饭，她更不想打电话给江涛，小曼躺在床上直到房间由明亮到昏暗再到被街灯照亮，小曼想起了不久前那个晚上自己下了很大决心没有让江涛采取避孕措施。或许是因为她感觉到自己的婚姻很危险，或许是自己害怕失去精心装扮起来的家，害怕失去江涛，害怕失去眼前的一切。总之在那一刻她下了一个赌注，如果怀孕了她就生下这个孩子，或许孩子可以改变自己的婚姻和生活。

门外终于传来了江涛拿钥匙开门的声音，江涛换了鞋，没有脱外衣也没有洗手，直接走进了卧室，一头倒在床上，一语不发。小曼感觉得到江涛心情很不好，江涛总是这样，如果工作压力大或者是小曼因为什么事情而惹他不高兴，他从来不会直接就讲出来，而是要压抑一段时间，等到四五件事情积累到一起时再爆发出来。而爆发的对象也就只有小曼一个人。

"吃饭了吗？"

"吃什么吃啊？总在外面吃，哪有那么多的钱。"

"那，我给你做碗面吧？"

"我不想吃！"

江涛知道小曼不喜欢自己穿着外衣就往床上躺，但此时他是故意的，他就是想气气小曼，他就是想让小曼忍不住批评自己，然后他要与她大吵一架。他需要发泄，发泄自己对一切的种种不满，发泄可以让他缓解一下压力，他把这压力归结在小曼的身上。如果不是为了她，自己为什么要买这么贵的房子，如果不是她，自己为什么一定要努力拼命地赚钱。

　　江涛与小曼结婚时，为了给小曼一个理想的家，作为收入不高的公务员他还是在市中心的地段贷款买了一套价值不低的房子。结婚这几年为了还房贷几乎把他压得喘不过气来。而小曼在他看来永远都是满脑子浪漫不切实际的梦想，从来不曾体味一下自己还房贷的压力，挣的工资几乎是月月花光，一次房贷也没有帮自己还过。整天一大堆没用的生活习惯，回家第一件事要洗手，在家里不能穿外衣，经常批评自己的脚臭，江涛只觉得小曼变得越来越让自己无法忍受，那个惹人喜爱的女人不知道跑到哪里躲了起来，剩下的只有一个外壳和令人讨厌的婆妈的小曼。

　　小曼没有如江涛所愿，她起身到卫生间投了条湿毛巾，递给了江涛。

　　"你擦擦脸吧！"

"不用！"

小曼的心惴惴地疼，远远超出肚子疼所带给她的伤痛，但是她还是决定做最后的挣扎，或许怀孕的事可以让江涛心情好一点儿。小曼鼓足勇气，努力着使自己能够面带笑容。

"老公，我想跟你商量一件事，我今天去医院检查了，我怀孕了。"

"怀孕？"

"是的，我想生下这个孩子，不知道你喜欢男孩还是女孩？"

"我没想过，你自己看着办吧！"

这一夜江涛没能把内心的火气发泄出来，或许是因为小曼怀孕的消息影响了他的心绪。总之，这之后的几天他都没有发过火，尽管还是被又要到期的房贷压得满脸的阴沉。而这一夜小曼感受到的房间与整个世界就像死尸一样的宁静，直到她沉睡到梦中，痛苦才在她的内心有所缓解。

事情并没有结束，也没有按小曼所期望的那样发展，一周后小曼晕倒在课堂的讲桌前，孩子流产了，当江涛把她从医院接回家之后，她再一次感受到了房间里死尸一样的那种宁静。

　　江涛没有忘记小曼失去孩子后，看自己的那种眼神，就好
像是自己谋杀了他们的孩子一样，那眼神中充满的竟然是无限
的痛苦与仇恨。小曼一周后搬出了他们的家，留下了一张离婚
协议书跟一封浸满泪水的信。

　　小曼走了，带走了对婚姻与爱情的满心憧憬，也带走了一颗
伤痕累累的心，她需要独自找个地方疗伤，她努力地争取过幸福，
可是她的努力永远就像是打向空气的拳头，没有任何的作用。

　　床上独自躺着的一个又一个夜晚，都让江涛无法不想到小
曼过往的点点滴滴，房间里每一件物品都有小曼的痕迹。此时
的江涛才发现自己关于小曼的有太多美好的记忆，而不知何时
这些美好的东西都躲藏了起来，直到失去小曼后，直到今夜这
一切都突然间跑了出来。现在江涛所能够记起的就只有小曼的
种种美好，即使是小曼有缺点也是很正常的事，自己一样也有
许多缺点。他后悔自己从前为什么不能够懂得珍惜摆在面前的
幸福。可是，一切真的还可以重新再来一次吗？生活中有太多
的悲欢离合，路就在我们每个人的脚下，最痛苦的事情不是痛
失吾爱，最痛苦的事情是拥有时不知珍惜，而失去时才知道后

悔，再痛莫过于后悔莫及。

假如这个故事的结局不是以离婚结束，假如让您来续写这段故事，那么小曼与江涛会有什么样的幸福婚姻呢？

江涛觉得小曼实在是一个可爱的女人，自从见到她的那一刻起，他就知道这女人注定要与自己的人生产生深厚的关系，那时他没敢奢想小曼会成为自己未来的老婆。可人与人之间的相识，冥冥中好像总是有所安排，江涛大学毕业后分配到市里的一个税务所，轻闲而淡淡的日子静静的从身边流过，那一年江涛刚满26岁，父母早已开始为他的婚事着急。

就在一个秋日周末的下午，单位附近的一个小咖啡馆里，小曼就像一朵盛夏的白荷花，带着悠悠的清雅的香气飘进了自己的视线。介绍人是父母托的一个远房亲戚，一位可亲的阿姨，她走在小曼的前面满脸微笑向江涛走了过来，而江涛却只看到了小曼，在那一瞬间他真的没有想到这位姑娘就是父母给自己介绍的对象。

"小江，等久了吧？"

"噢，陈阿姨，您好！我也刚到没多久。"

"来我给你们先介绍一下，这个是江涛，在咱们市里的税务所上班。"

"你好，我叫小曼。"

"你好！小曼。"

真是一个醉人的秋日下午啊，小咖啡馆透明的玻璃窗分外的干净，太阳光暖暖地穿过玻璃照在江涛的身上，整个空气里时不时飘来对面小曼身上的清香。江涛根本记不得那个陈阿姨都说了些什么，也不知道她是什么时间起身离开的，他只记住了那天小曼羞涩的微笑，和她身上的清香。就这样，从这个秋日的下午开始，江涛与小曼恋爱了，在双方父母的催促下，他们幸福地走进了婚姻的殿堂……

珍惜是一种美德，它可以让我们懂得拥有的幸福，更可以减轻我们失去时的痛苦。只有懂得珍惜的人才是真正会生活的人。幸福是永远的珍惜。

幸福是一种态度

　　幸福到底是什么，幸福是什么样子的，或许生活中我们很多人都想知道这个问题的答案。幸福是什么？其实幸福就在我们的心中，可以是我们身边发生的任何事：对于一个婴儿来说，幸福就是躺在妈妈的怀里吃奶的时候。对于一个妻子来说，幸福可以是收到丈夫礼物的时候，也可以是给丈夫送礼物的时候，或者是为丈夫倒一杯热水的时候，或者与丈夫相拥坐在沙发上一起看电视的时候。对于一位丈夫来说，幸福是妻子每天陪在自己身边，哪怕是整日地唠叨，只要心中有爱，这也是一种幸福。幸福是喝一杯茶，幸福是读一本好书，幸福是吃一顿美餐，幸福是我们做任何事情时，心无牵挂，一切都可以安然处之、尽情享受。幸福并不拘泥于一种形式与模样，幸福在我们生活中的每个角落。幸福其实就是我们心中的一种态度。如果你渴望幸福，你得到幸福，你就得学会发现幸福。其实它就在我们的身边，幸不幸福关键取决于我们对待事物的态度。

繁忙与紧张的生活节奏中，我们每个人的内心都是渴望幸福的，可有时候越是渴望的就越是难以拥有，不论我们在社会与生活中扮演什么样的角色，我们努力学习，努力奋斗，想要成功，其实这所有的一切都是为了实现理想与目标后能够更加幸福地生活。我们或许是正值青春年少，或许已年近中年，当有一天我们静下来回望自己人生的时候，或许会发现幸福离我们已越来越远了。

那么，又是什么原因使人们与幸福背道而驰，明明是向着幸福努力的人，为什么最终却失去了它呢？人是一个有着自己思想的高级动物，在一个人树立自己的世界观与人生观的同时，一定也确立了对自己幸福的定义与目标。有些人认为成为百万富翁就意味着得到了幸福，有的人认为取得了一定的社会地位，被更多的人尊敬就是幸福，有的人认为当明星才是他的幸福，当然正如每个人都是一个不同的个体一样，人们对自己幸福目标的定义也会有所区别。确立了自己的幸福目标，人们开始了为自己幸福人生奋斗的历程，只要坚持努力，大部分的人还是取得了最终的成功与胜利。想要拥有财富的人拥有了，想要成名的人成名了，可是他们却突然发现，当一切功成名就的时候，他们并没有同时得到幸福。于是，对于幸福的思考一切又都回到了最初的起点：幸福是什么？幸福到底在哪里呢？为什么我们原以为能够带给自己幸福的一切，当拥有了之后，幸福还是没有到来呢？

　　人们的欲望是个永远无法被填平的沟壑，财富与成功或许在一定程度上能够带给我们幸福感，但它们也绝不可能等同于幸福。其实有些时候富有并不一定快乐，而贫穷也并不一定就没有幸福。生活中我们也经常会看到这样的现实，那些夜不闭户与和睦相处的邻里们总是一些身处贫困的农民，越是贫穷的人对人越是能够敞开心扉，以最真诚的方式与人相处。一个以拾荒为生的老汉却能够总是面带微笑去面对世界，而一个家财万贯的富翁，往往总是对别人一副冷眼和呆滞的面孔，好像时刻都在担心别人会偷抢他的钱财，甚至是对自己最亲密的家人也不得不加以防范，因为财富往往会使人们变得自私和贪婪。两个人相比一下，一个因为一无所有，才活得更加快乐和洒脱；一个是富有的，但却因为那些财富而变得神经兮兮、郁郁寡欢。那么相比之下，哪个人是幸福的呢？

　　所以，一个人幸福与否与他所拥有的财富与地位其实没有太大的关系。当然，我们并不是说幸福与成功、财富是对立和矛盾的关系。财富与成功能够带给我们对自身价值的一种肯定，自然它也一定会给我们带来一种幸福感，但这种幸福感的来源并不是成功与财富本身，而是来自我们的内心，来自我们看待自己生活的一种态度。如果百万富翁能够以一种坦然的心态去面对自己的财富，好好珍惜与体验财富所带给他的富裕的物质生活，学会以感恩的心、平常的心去看待一切，那么当百万富翁的心态改变之时幸福自然也就会降临到他的身上了。

　　幸福到底是什么？幸福在哪里？其实我们不妨这样来理解一下幸福：幸福是我们饥饿时的食物，是我们饥渴时的水；幸福是我们悲伤时得到的关怀；幸福是我们孤独时拥有的陪伴；幸福是我们与爱人分享收获时的快乐；幸福是我们生活中的点点滴滴，无处不在；像是空气般，只是因为我们已习惯了身处其中，所以就不易发现。

　　如果我们有一天能够学会发现，让我们静下来想一想，细细地感觉一下，难道我们真的不幸福吗？幸福难道不是一直就在我们的左右，在我们的身边，呵护着我们吗？

　　我们拥有健康的身体，是一种幸福；我们拥有自己可以谋生的工作，是一种幸福；我们住在整洁的房子里，冬避严寒夏避酷暑，是一种幸福；我们拥有一个完整的家庭，尽管有时会发生一些争吵，但因此我们的心灵不再孤单，是一种幸福；我们每天可以吃到可口的饭菜，是一种幸福；我们拥有时间与精力偶尔去做一些我们喜欢的事，是一种幸福；我们生活在和平的年代，不用面对战争的残酷，是一种幸福；我们生活在科技如此发达的时代，可以享受古人无法想象的生活，是一种幸福；我们可以疼爱儿女，可以呵护爱人，可以孝敬父母，我们还有什么感觉不幸福的事情吗？

　　只要我们拥有健康乐观积极的心态，幸福就这么简单，可以是任何一种形式，呈现在我们平常的生活之中。永远都跟随着我们，等待我们去拥有和品味。

幸福是一种能力

幸福是一种个人能力，是一种如何面对生活的能力，是一个人创造自己美好人生需要具备的能力，而这种能力完全可以依靠我们后天的努力和学习获得。

生活中，人们背负着理想的重担与各种压力，我们怀着不能完成目标的恐惧，完全忽略了家人的感受与需要，同样也遗忘了真正的自己，无法体验生活中的乐趣与幸福，在浮躁中随波逐流，逐渐远离了幸福与快乐走向了满心的虚无与痛苦。

我们沉浸在物欲上与别人的相互攀比之中，似乎无法自拔，我们在别人的眼光中迷失了真实的自我。然后我们痛苦地会问自己，为什么我如此努力，一丝不敢懈怠，最后还是无法得到最美好的一切，难道我不应该幸福吗？我的努力还不够吗？

其实当我们站在这样一种角度去反省的时候，我们已开始学会了注视和关注自己内心真正的幸福感，只不过我们对于幸福的目标树立得有些偏离现实。要知道对于任何人，这个世界上没有绝对和足够完美的生活，不论是事业还是情感，如果达到了绝对完美，那其实才是一种真正的缺失和空洞，生活又怎么还会有希望呢？而幸福其实就存在于我们点滴的平常生活中、追求完美生活的过程之中。幸福正是我们把握生活与获得生活的一种能力，幸福的能力并不一定是要获得最好的，而是将生活中的事物幻化成相对美好的一种能力。

幸福是如此的简单，就如我们制作一杯冰水然后去享用它那么的容易，但是制作冰水也同样需要我们掌握制作它的技能，还要有享用它的时间与心情。自然拥有幸福也像我们喝自制的冰水一样，需要我们花费时间精力与技艺去创造和享受它带给我们的愉悦。

我们有时候为了获取成功，往往会忽略了培养自己获取幸福的能力，这是不应该的。既成功又幸福的人生，我们是完全可以获得的，遭受了生活中的痛苦并不意味着我们将永远失去幸福，成功并不需要我们一定要用痛苦作为代价才能换取。幸福是我们感受人生快乐的一个过程，而不是苛求一个多么完美的结果。幸福是我们对自我人生认识的升华，与自己生活的一种最佳诠释。

一次，一个朋友哽咽着打来电话约我到咖啡厅聊天，虽然我有些迟疑，因为早知道她又要向我倾倒她的满腹苦水，但是出于友谊，我知道自己不能够拒绝，作为一个朋友我要在她伤心绝望时提供些许的安慰，哪怕仅仅是个沉默的倾听者，至少也不能让她在伤心的那一刻还感觉自己是那么的孤独。所以我勇敢地前往了。

我走进咖啡厅，一眼便看到她美丽的身影，她背对着我坐在靠窗的位置，身体或许是因为内心的痛苦而显得有些佝偻，尽管这样，那仍旧是一个散发着无限女人魅力的背影。我顿时产生了感叹，幸福有时候对于某些人来说，真是可望而不可即的事情啊！

李雪，一名舞蹈学院的教师，拥有骄人的身材、迷人的气质、较高的艺术修养，她生活的世界除了艺术之外，就是她从小就树立起来的对于爱情的美好童话的执着追求，而这自然使得她在恋爱的道路上饱受煎熬与磨难。虽然，她在现实的面前一点点地学会了坚强与面对，可或许是跟她从事的舞蹈教学有关，对于爱情对于男人她永远都追求着有些苛刻的完美。她说她要做最幸福的女人，嫁给最棒的男人，否则宁愿永远都一个人，就这样直到今天她已年过三十了，幸福的大门还是没有被她打开。

"李雪，你没事吧！"

"没事，我只是有一件事想跟你商量一下，让你帮我分析分析，因为我不知道我这样做对还是不对。"

"好，那你说吧！什么事？"

"你觉得，我能得到幸福吗？"

"你怎么这么问呢？为什么你不能得到幸福呢？你美丽、善良，在事业上也很有能力，教出了那么多的好学生，你当然是幸福的。"

"你真的这样认为吗？可是我并不觉得自己幸福，我觉得自己失败，太失败了，一次次地被男人伤害，可最终还是不得不面对现实，我要结婚了。"

"真的？那祝福你，你终于决定结束单身了，是哪个完美的男子能得到李雪最终的垂青啊？"

"说出来你别笑话我。"

"怎么会？"

"是老陈。"

"就是那个追求你快6年的珠宝商吗？"

"什么珠宝商，只不过是在几个商场开了几个卖首饰的专柜，有时候我觉得他浑身上下都充满了铜臭味。"

"那你为什么还要嫁给他？"

"因为，因为我实在太累了，实在想找一个可以依靠的肩膀，哪怕……"

"哪怕什么？哪怕没有爱吗？"

李雪深思了一下，虽然很无奈，但她还是承认了自己的真实想法；"是的，哪怕没有爱，只要他对我好、不伤害我就可以了。"

我看着满脸无奈与失落的李雪，似乎在她决定嫁给老陈的时候，就意味着她同时放弃了幸福一样。此时我的内心充满的不是对李雪的同情，而是满脑子想要问她的问题。

"李雪，你真的决定了吗？哪怕是放弃你心中一直追求的爱情，只为了换得一个依靠的肩膀？"

　　"是的，我决定了。"

　　"那你已经做了这个决定，想要与我商量的是什么呢？"

　　"我也说不清楚，我只是觉得自己不幸福，我想要幸福，却往往越是努力越不幸。"

　　"那你觉得嫁给老陈会幸福吗？"

　　"我不知道，我不能确定。"

　　"你不是说没有爱吗？没有爱的婚姻你觉得能幸福吗？"

　　"不，我不知道，我不能够确定就没有爱，只不过，这爱与我之前想要的不太一样。但老陈给了我家的感觉，跟他在一起的时候我虽没有激动的心跳，但我很快乐！我不知道这是不是也可以算是一种幸福。我觉得既然我一直追求的幸福注定了我永远不会得到，那我为什么不试着去接受另外一种幸福呢？"

　　李雪低一直着头，没有看我一眼，似乎也并没有想得到我的回答，与其说她是在问我还不如说她是在问她自己。我静静地听着她把话说完，喝了一口咖啡，我知道自己不可能给李雪一个什么样的答案，但我也理解李雪此时内心的矛盾。

　　她其实不是在怀疑老陈的爱，她怀疑的是她自己的爱，她

经历了几段感情，受到了一些伤害，因此她开始逐渐发现自己
一直以来对爱情抱有的幻想，其实有很多层面都是不现实虚无
缥缈的，在感情方面她像个天真的孩子一样，直到今天才开始
真正地成熟和长大了。然而真正让她一直都放不下的还不是她
对于爱情的幻想，那个她无法放下的东西，其实是她为了实现
幻想而构筑和坚持的虚伪的原则，还有一直在捣鬼的虚荣心，
而虚荣这个东西正是一直以来阻止李雪走向幸福的最大障碍。

        对于李雪这个朋友，我应该是十分了解的，从她成长的经
历与环境我们也不难看出她的性格与价值观。从小无论是在家
里的待遇还是成长过程中在群体中的位置，李雪都是众中眼中
的焦点，美丽的化身，让所有人喜欢的对象，在长成美丽的少
女之后，李雪更是所有男生追逐的对象。即使一个人有着强大
的自制力，也难免在长期的拥戴之中，产生自恋的情结。

        李雪是自信的，有时甚至有些骄傲，她从来都认为自己比
任何一个同学与女人都有资格得到幸福与最优秀男人的爱。而
当现实一点一滴地向她展现真实的时候，她发现那些不如自己
优秀美丽的女人却拥有了那么完美的家庭与幸福，可自己尽管

很完美，也足够努力，爱情总是来了又走，从不肯给她真正的幸福与永恒。李雪多么渴望像一个平常的女人一样拥有幸福的家庭，可是幸福却总是与她擦肩而过，毫不留情。

其实生活对于李雪来说，并没有给予她不公平的待遇，只不过李雪是在追求完美的过程中迷失了自己。她真正缺少的不是幸福本身，其实她已经拥有了足够的幸福的资本，她唯一欠缺的是拥有幸福的能力。李雪因为内心的虚荣，她一直都不愿意面对自己的痛苦与在爱情路上的失败，这是导致她内心走向误区的最大原因。而此时的李雪，我为她感到高兴，因为从她的谈话与行为中，我看到了一个真实的李雪，她终于学会了面对真实的自己。我知道，当李雪能够真正地接纳而不是抵制自己的痛苦时，幸福一定离她不远了。我为她感到高兴，我相信李雪一定能拥有一个幸福的婚姻，做个幸福的女人。

我与李雪就这样静静地坐了一下午，我没有说更多的话，只是一直在听李雪的诉说，直到后来，我也记不得是如何又说到了购物与小孩。总之，当我同李雪起身要离开那家咖啡厅的时候，李雪已不是我进入咖啡厅时看到的那副形象与状态了。

　　李雪脸上不知什么时候开始散发着一种幸福的微笑，提到老陈时也不再是无奈了，而是充满了无限的期待与依赖的感觉。我知道，我此次成功地完成了作为朋友的使命，接下来我只需要等待着参加她的婚礼就可以了。

　　在回家的路上我又想到了一个关于幸福的定义，幸福有时候就是一种感知能力，有时候我们虽然拥有，但却并不一定有驾驭它的能力，因此我们身在福中却不知福。想要获得幸福，我们不仅仅要努力地学习、努力地工作，我们还要努力地掌握走向幸福的能力，学会发现幸福、细心品味幸福，因为这是我们拥幸福的关键。

　　幸福是如此的简单，就如我们制作一杯冰水然后去享用它那么的容易，但是制作冰水也同样需要我们掌握制作它的技能，还要有享用它的时间与心情。自然拥有幸福也像我们喝自制的冰水一样，需要我们花费时间精力与技艺去创造和享受它带给我们的愉悦。

第二章

幸福在哪儿

幸福在哪里

关于"幸福"一词，《现代汉语词典》上是这么解释的：

（1）使人心情舒畅的境遇和生活。

（2）（生活、境遇）称心如意。

由此我们可以看出，幸福应该是人内心的一种情感状态。这也正迎合了心理学家对幸福的解释：幸福是人内心深处的一种情感状态，当一个人认为自己是幸福的，他就会在不知不觉中顺从于这种状态，这种状态也就越发明显。反之亦然。

幸福是发自人内心深处的一种情感，它会在某一个瞬间，因心中的某一根弦忽然被牵动而迸发出来，从而使内心充溢着一种甜美的满足感。那么，我们又该从哪里获得幸福呢？

很多人怀里揣着苦闷，眼睛里满是迷茫，四下里寻找着幸福，却总是看到或感受到一些令自己不如意的场面，于是，幸福在他们眼中便成了可望而不可即的风景。其实，这都是由于他们就如同那只小猪一样，总希望把幸福实实在在地攥在手里，于是，拼命去追逐财富，迷恋于权力和地位，谁知最终的结果仍旧是得不到幸福。

幸福更多的时候只是一种感觉，只要你内心有幸福，并一直往前走，它就会像影子一样跟在你身后。它不会因为你平凡就抛弃你，也不会因为你出众就青睐你。

午后的街头，一个衣衫褴褛的乞丐靠坐在一棵大槐树下，嘴里哼着小曲，懒洋洋地晒着太阳。

一个闷闷不乐的富翁经过，很轻蔑地瞥了乞丐一眼，说："像你这种一无所有的人，还活个什么劲儿？"

"您可不能这么说，"乞丐反驳道："虽然我不像您那样有钱有势，可我有一样您没有的宝贝。"

富翁难以相信自己的耳朵，问："你还会有宝贝？拿出来看看，要真是我没有的，我出高价向你买。"

"恐怕你买不去。"

"笑话，有钱还有我买不到的东西？到底是什么宝贝？"

"幸福。"

　　乞丐说完，又乐呵呵地靠着大槐树晒起了太阳。富翁在旁愣了半天神，更加闷闷不乐地离开了。

　　如果你想知道，当一个人完全忽视黄金定律哲学的基础法则时，这个人将会面临什么境遇，那么，你不妨从你家附近挑选出你所认识的一个人，这个人一生当中只有一个主要目标——赚钱，而且他可以为了赚钱不择手段，没有任何良心上的顾忌。你可以对这个人加以研究，你将会发现，这个人没有一丝温情；他的语言中没有丝毫和善；他的脸孔没有任何欢迎之情。他已经成为财富欲望的奴隶。他太过忙碌了，没有时间享受生活乐趣；他太自私了，因此不希望协助其他人来享受生活。他会走路、谈话、呼吸，但他只不过是一具自动的机器人而已。然而，却有很多人羡慕这样的人，并希望自己也能拥有他的地位，愚昧地认为他是一位成功人物。

　　若是没有幸福，就不能算是成功，而一个人若是不能把幸福分享给其他人，他自己也不能获得幸福。还有，这种分享必须是自动自发的，除了希望把幸福散布到那些内心充满悲伤的人们身上以外，别无其他目的存在。

幸福感的重要性

　　幸福是大众每天都可以感受到的快乐。那些快乐是非常真诚，没有半分做作和虚伪。幸福是爱意与笑志，那些真诚与感动、悸动。我们每个人都有权利享受这一切。我们每个人每天都应当活在幸福中，我们呼吸的空气散发着幸福的芬芳。现在我们知道：只有我们有这样的心愿和能力就能得到幸福，我们就可以幸福并快乐着。

　　有一个关于古罗马末代君王塔尔坎（Tarquin）的传说。一位老女巫走到塔尔坎面前，提出以高昂的价格卖给他9本预言书。塔尔坎对这一提议不以为然。女巫烧毁了其中的3本书，然后提出以原价卖给他剩下的6本。塔尔坎再次拒绝了。

　　女巫又烧毁了3本，然后同样以最初九本的价格向塔尔坎出售剩下的3本。这一次，塔尔坎担心自己可能会错失一些宝贵的东西，于是，以女巫索要的价格买下了剩余3本书。剩下的这3本书写满了预言和关于罗马的无价之宝的策略。可惜的是它们并不完整了。这道理跟幸福一样，如果你边走边取，最后我们就会获得完整美满的幸福。但是，如果该幸福那天，你却迟迟不肯，如果你拿着允许幸福的支票却不肯用，那么每过一天，你的幸福就会贬值一点儿。而你同样付出一样的代价，结果却是那样迥然不同。

德国是一个缺乏幸福感的民族。很久以前，德国人并不相信幸福的存在，因此对幸福的研究也没有很长的历史。他们更相信一种叫"人间痛苦"的概念，这样一个几乎无法翻译成其他语言的词组。由于对幸福感的轻视，德国人付出了惨重的代价：每5个德国人之中就有一人会在其一生中患一次精神疾病，主要有恐惧症和抑郁症。在过去的几年当中，每10个德国人中就会有一人连续几周时间患抑郁症，并且每年有将近上万人因精神疾病而自杀。同世界其他国家相比，德国人的自杀率要高得多。

抑郁症患者的数量还在迅速增加。越来越多的孩子、青年和成年人患上了抑郁症，这个概率比10年前高出了2.5倍。这种心理上的疾病正在全球范围内蔓延。相关专家指出，20年后，比起其他疾病，心理上的疾病将成为危害人类生命的头号杀手，有可能成为21世纪的瘟疫。

当然，并不是每一个没有幸福感的人都会得心理上的疾病，但日常生活中的沮丧和抑郁对人们的影响，要比我们认识中可怕得多。这正如荷兰哲学家巴鲁赫·斯宾诺萨在书中写到的那样，"幸福是完美状态的精神过渡之桥，相反，痛苦则是消沉的过渡之桥。"我们很需要一种有关幸福的文化来控制这种局面。

不幸可以毁灭一个人，而幸福却可以让一个人更健康，这是因为幸福感不仅作用于精神，还作用于身体。

幸福感可以提高人们的创造力。许多调查研究都表明，幸福使人聪明，有幸福感的人能更好更快地解决遇到的问题。这种作用不是短暂的，而是长久的。

幸福感可以让一个脾气暴躁的人变得和蔼，能够细心地对待工作和生活，与人相处时能够以一种欣赏的眼光对待他人身上的闪光点。

因此，我们可以说，人们生活的目的应该是为了得到幸福，而并不是为了痛苦。那么，如何才能让自己拥有幸福呢？大量的事实证明，只有那些拥有幸福感的人才能得到幸福。消极情绪会限制个人获得幸福的能力，积极情绪却把幸福的道路拓展得更宽，幸福是主动的。幸福也不是别人能够赐予的，而是自己心里首先要有幸福，然后在生命之中一点一滴将其筑造起来。人生中既有狂风暴雨，也有漫天大雪，可这一切并不能阻挡我们获取幸福，只有在心里的天空中挂一轮希望的太阳，幸福之光就会永远照耀在你身上。

要有幸福的思想

对于幸福我们总是有着太多的假设：如果我有500万元的话，就可以买一所房子、买一辆车，过上幸福的生活了；如果妻子长得漂亮些，善解人意又活泼可爱，我一定会觉得幸福；如果我是一个事业有成的人，出入的都是一些高级场所……

其实，人们对物质的摄取，都来源于对自我精神世界的追求，可是一旦人把自己的精神世界只定位在生活上的舒适和安逸，就会陷入这样的一个怪圈：当先前想要的物质生活得到了满足，或许会在极短的一段时间里感觉到幸福，可是过不了多久，却又发现精神世界又如先前一样空白，自己仍旧很痛苦——人的欲望是无至尽的。这其实也就是很多人感觉不到幸福的原因。

痛苦与欲望就如同一双孪生兄弟，往往欲望越大，痛苦也就越大，二者来源于犹豫不决的心理，是由于对未来的不确定性而造成的一种心理状态。

生活中，当基本的需求得到满足之后，我们总是会贪婪地想得到更多，而从来不懂得去享受现在拥有的这些。于是，我们在贪婪为我们设计的不切实际的憧憬里生活，总会因现实与其的落差而觉得痛苦不堪，自己也如同被深锁在痛苦的牢笼里。

那么，我们该如何才能逃脱痛苦的牢笼，并在日常的生活中感受到幸福呢？

如果你早晨一觉醒来身体健康，没有病痛，那么你要比地球上其他几十万人更幸运，因为他们很多人都不能再看到这第一缕阳光了。

如果你到教堂做礼拜或去寺庙烧香拜佛，而从没经历过任何的惊吓、暴行和伤害的话，你要比其他数百万人都更有运气。

如果你的冰箱里有食物，衣橱里有衣物，劳累时有家可回，睡觉时有床可躺，那么你要比世界上60％的人都幸福。

如果你在银行里有存款，钱包里有信用卡，过着衣食无忧的生活，那你就已经是世界上8％最有福气的人之一了。

如果你的父母健在，并且身体状况良好，自己的婚姻也从来没出现过危机，那你就是世界上最稀缺的人。

如果你读懂了这些，并且对此深有感触，那么你已经比另外15多亿人幸福多了，因为你能够从文字里得到知识。

没有什么会早已准备好，只等着我们去享用，正如杰西·杰克逊所说："上帝不会给我们橙汁，他只给我们橙子。"同样，上帝也不会赐予我们幸福，只给我们创造幸福的材料。如果我们一直深陷在欲望的泥沼里挣扎，即便幸福的材料已在手中，也会被当成废弃物扔掉。

一位身患绝症的病人曾经写下这样一段话：

疾病蚕食着我的身体。有时，外面的一切我都看不见、听不见，也闻不到；但有时，我可以看到阳光照在火红的枫叶上，照在孩子金黄的头发上；有时，我清晨醒来听见小鸟欢唱新一天的到来……这些让生命多么的美好！

每一个人都有这样的体验，当某些事情已经或即将过去时，我们才会知道这些是多么美好，可是之前为什么没有这样的感觉呢？那是因为我们一直被自己的欲望所驱使。请放下自己心中膨胀的欲望吧，不要再让幸福的材料从手里溜走。只有珍惜现在所拥有的，幸福才会在我们的生命里永恒。

天空中飞过一只小鸟。

在田地里劳作的老农看到后，拄着锄头叹气道："真是一只可怜的小鸟，一天到晚为了觅一口食而飞来飞去。"

　　一位依窗而立的少女看到了这只小鸟，叹气道："它可真幸福，有一双美丽的翅膀。"

　　一位旅人正在行走在回家的路上，一抬头也看到了这只小鸟，于是，止住步心想："如果我也长一双像它一样的翅膀，就能够早点儿到家了。"

　　同样的一种境况，在不同人的心里就会有不尽相同的感受和认识，这是因为他们彼此的心境不同。所以，幸福更多时候只是一种感觉，它会因人而异。

　　征服了四分之三个欧洲的拿破仑拥有着被大多数人羡慕的权利、荣誉和财富，可对此他却并不觉得幸福，反而对人声称自己这一生当中，"从来没过一天幸福的日子"。又聋又哑又瞎的海伦·凯勒本来应该是最不幸的人，可她却对人说："生活是这么美好。"

　　同样的一个人，在不同的时间里，对同一种事物的感受和认识也会不同。比如，儿提时玩过的"万花筒"，把眼睛凑近筒眼，轻轻地转动手指，总是因里面一幅接一幅出现的画面而感到惊奇和喜悦，可随着年纪一天天长大，知道里面有的只是一些各色玻璃碎片之后，惊奇没有了，喜悦也随之消失。再

如，小时候我们会因为得到一本漫画书而欣喜若狂，觉得很幸
福，可现在还会因一本漫画书而欣喜若狂吗？在这个意义上
说，幸福也会因时而异。

其实，这一切的改变，只是由于外界的变化或者心境的改
变，致使我们的心理状态发生了变化。那么，幸福是不是就像
蝴蝶一样，总是在花丛中做短暂的停留便飞走了呢？外界的事
物总是一刻不停地在变化着，是不是我们也因此只会在某时某
地感觉到幸福，除此之外幸福就会像飞走的黄鹤一样，一去便
杳无音信？

清朝的金圣叹在自己的书中写了这样一件事。

一次，他和一位朋友被大雨阻在屋子里不能出去。这场大
雨连续不断地下了10天，对坐无聊，两人便一件件地说起了生
活中的乐事：

夏7月，天气闷热难当，汗出遍身。正莫可如何时，雷雨
大作，"身汗顿收，地燥如扫，苍蝇尽去，饭便得吃"——不
亦快哉！

独坐屋中，正为鼠害可恼，忽见一猫，疾趋如风，除去了
老鼠——不亦快哉！

　　上街见两个酸秀才争吵，又满口"之乎者也"，让人烦恼。这时来一壮夫，振威一喝，争吵立刻化解——不亦快哉!

　　饭后无事，翻检破箱子，发现一堆别人写下的借条。想想这些人或存或亡，总之不会再还了。于是，找个地儿一把火烧了，仰看高天，万里无云——不亦快哉!

　　夏天早起，看人在松棚下锯大竹做筒用——不亦快哉!

　　冬夜饮酒，觉得天转冷，推窗一看，雪大如手，已积了三四寸厚——不亦快哉!

　　推纸窗放蜂出去——不亦快哉!

　　还债毕——不亦快哉!

　　读唐人传奇《虬髯客传》——不亦快哉!

　　………

　　如此看来，幸福的感觉或许因人而异，但却不都是由某些特定的事物决定的。即便是面临不测的遭际，只要有一颗可以感知到幸福的心，我们也会快乐起来，也会认为自己很幸福。这恰好印证了古罗马的哲学家马尔卡斯·阿流士的那句话：幸福的生活是由幸福的思想构成的。不管身处何种逆境，只要你从心里认为自己能够快乐起来，你就真的快乐起来了。因为一个人的生活状况，就是每天他头脑里所想的那些，不可能成为别的样子。

幸福源于内心

幸福是一种永恒的状态。幸福源自于内心,绝非单纯的花花绿绿的物质堆积,把沉睡的心叫醒,就可以拥抱生活的幸福。

不管你信不信,有句话是这样说的:幸福是一种永恒的状态。如果总是感受不到幸福,我们就一定有问题。

你也许不会承认自己有问题,仿佛这意味着你的精神出现类似分裂或扭曲的毛病一样。可事实上,你会时不时地对着自己的心追问:什么是幸福?为什么幸福这么遥不可及?对了,你不觉得自己幸福。

有一位妇女长期以来冒着严寒酷暑在公园慢跑,然后她爬上浴室的磅秤,指针依然停在锻炼前所指的数字上。她感到这跟她近来的所有遭遇一样给她以打击,她是命中注定永远不会幸福的。

　　她在穿衣服时，对着紧绷绷的牛仔裤紧皱眉头，这时却在裤兜里发现20块钱。接着她接到了一位朋友打来的电话，要一起去参加晚会。正当她急急忙忙向车子跑去，为还得加汽油而恼怒不已时，却发现室友已经替她加满了油箱。而这就是那位自认为永远不会幸福的女人。

　　多数人体验不到永恒的幸福状态，而是经常沉溺于某种更为平庸的东西。散文家休·普拉什曾称之为"不可解决的问题，模棱两可的胜利和含含糊糊的失败，难得有宁静安详的时刻"。

　　你也许不会说昨天是一个幸福的日子，因为你和老板发生了误会。但是难道就没有幸福的时刻、安详宁静的时刻？那么你想一想，有没有收到过老朋友的来信，或者，有没有陌生人问你这么漂亮的发式在哪做的？你记得过了一个不愉快的日子，但也不要忘记那美好的时刻也曾经降临过。

　　幸福就像一位和蔼可亲、带有异国情调的来串门的姨妈，她在你最料想不到的时刻来临，阔绰地请你喝酒，酒过一巡后翩然离去，留下一丝栀子的清香。你不可能命令她来临，只能在她出现时欣赏她。你也不可能强求幸福的到来，但当它降临时，你肯定能够感觉到。当你带着满脑子的问题，走在回家的路上时，竭力留心太阳怎样把城市的窗户点着了"火"，倾听在渐暗的暮色里嬉戏的孩子们的喊叫声，你就会感到精神振奋，仅仅因为你留心了。

是的，你在用自己的心去认真地感受着那一切，所以才有了兴奋甚至是幸福的支点。幸福首先是源于内心的，绝非单纯的花花绿绿的物质堆积。把沉睡的心叫醒，去拥抱生活吧！

幸福是人人都向往的一种生活状态，可究竟什么样的生活才算是幸福的呢？

有人觉得坐高车驷马、住宽房大屋、餐餐吃大鱼大肉就是幸福，也有人觉得让别人鞍前马后地围着自己转就是幸福，还有人觉得穿锦衣貂裘、一掷千金才是幸福……

可是在现在生活中，许多人尽管就是这样生活的，却并不觉得自己幸福。宽房大屋住久了，寂寞空虚便乘虚而入；大鱼大肉吃多了，胆固醇跟着升高，最后进了医院，才知道还是五谷杂粮养人；被别人众星捧月般围绕着，却找不到一个能说出知心话的人……

那么，幸福的秘密到底在哪里，我们如何才能让自己幸福？

小天使出生后的第二天，就来到了上帝居住的城堡里，寻找得到幸福的秘密。

上帝得知他此次前来的目的之后，就对他说："现在我还没有时间向你讲解幸福的秘密，你可以自己在我的城堡里好好转一转，或许会有发现，不过两个小时之后你要再来这里找我。"上帝说着话，递给小天使一把汤勺，并在里面滴了一滴甘露，又叮嘱小天使说："走路时你要把汤勺拿好了，不可将甘露洒落。"

小天使告别了上帝，便开始沿着城堡的台阶上上下下。他小心翼翼地走着，眼睛一刻不停地盯着拿在手里的汤勺，生怕洒落了甘露。两小时之后，他身心俱疲地回到了上帝面前，甘露完整无缺地躺在汤勺里。

"你找到幸福的秘密了吗？"上帝问道。

小天使摇摇头。

"难道你没见到我餐厅里那块美丽的波斯地毯吗？那座历经30年才建造好的大花园，你是不是觉得它十分美丽？你注意到我图书馆里那些美丽的羊皮卷了吗？"上帝继续询问道。

小天使很惭愧地低下了头，说自己只注意上帝交给的那把汤勺和那滴甘露了，其他的什么也没有注意到。

"那你就再用两小时回去见识一番我的那些珍奇之物

吧。"上帝说道。

　　这次小天使感觉轻松多了，他拿起汤勺，开心地漫步在城堡里。这次他不光看到了美丽的波斯地板和羊皮卷，还看到了天花板上的美丽雕饰，看到了墙壁上精美的艺术品，看到了大花园里美妙的山景和花木……一切的一切都让小天使感觉到惊喜，都有些流连忘返了。

　　再次回到上帝面前时，小天使兴致勃勃地讲述了自己所看到的一切。他问上帝，这就是幸福的秘密吗？

　　上帝笑而不答，问他："你看看我交给你的那滴甘露还在吗？"

　　小天使低下头一看，才发现那滴甘露不知什么时候已经不在汤勺里了。

　　"这就是我要你明白的，"上帝和蔼地对小天使说，"幸福的秘密在于欣赏所有的美，但是永远不要忘记了自己已经拥有的那滴甘露。"

　　幸福的秘密原来就是这么简单，就是守着自己拥有的那滴"甘露"，守着内心的那份平和宁静，徜徉于大千世界之中，却并不被那些五光十色的诱惑吸引，只是以一种欣赏者的心情去面对。我们为什么很多时候会觉得别人比自己幸福，就是因为我们总是在用欣赏者的眼光看别人，而用参与者的身份对自己。

"宠辱不惊，看庭前花开花落；去留无意，望天上云卷云舒。"当我们用一种欣赏者的眼光来看待自己的生活，幸福就会如那滴甘露一样流转在我们的心里。

把幸福握在自己手中

幸福，从根本上说，和所有人无关，它只关乎你自己，它只存在于我们的内心。有一个可以得到幸福的可靠方法，就是以控制你的思想来得到。幸福并不是依靠外在的情况，而是依靠内在的情况。

是的，生活中很多事情会影响我们的心情：早晨你的宝宝很不听话地打翻了碗筷，上班的路上塞车塞了半个多小时，到公司门口你的秘书打来电话说要请假，而今天有一堆事情要处理……

面对这些事情，你能微笑地平静地对待吗？或许有人说："没什么，可以理解！"又或许有人说："今天倒霉死了。"

幸福，是我们生活的一种状态，是我们内心的一种感受。暂时的某些情感并不能代表我们幸福或是不幸。生活总是会有一些小小磕绊，我们都不是神，都是一些平凡的人，偶尔的小生气、小愤怒等等情绪都是可以理解的，不要将这些就当成生活的不幸。

曾有这么一件事，一个女人有个很可爱的儿子。这个女人有个习惯，她不断地告诉儿子如果他犯了错误，上帝就会处罚他。结果儿子总是感冒。这位母亲简直要发疯了，她不知道该怎么办好。后来她明白了，你不能对一个孩子说那种话。你应该对孩子讲上帝很爱他。她把这些话讲给儿子听，结果儿子就再也不感冒了。这个母亲感到很惊讶，甚至是大吃一惊。从这里你就可以明白，只要这位母亲选择告诉儿子上帝会惩罚他，儿子就总是感冒——当她选择告诉儿子上帝很爱他的时候，事情就发生了变化。是什么带来了这种变化呢？是上帝使这一切发生了变化吗？是这位母亲，她选择了一种正确的方式将上帝展现在孩子面前，这改变了孩子的生活，也改变了她自己的生活。

因此，生活中的我们必须有这样一个清醒的认识，没有任何我们自身之外的东西会伤害到我们，也没有任何我们自身之外的东西能遥控我们的幸福。痛苦或快乐，其实完全可以由我们自己来决定，只是我们大多时候就像那个女人的儿子一样，把这项选择的权利交给了母亲，交给了上帝。

一位女士总是这样抱怨道："我觉得自己很委屈，生活过得一点儿也不快乐，因为我先生常年去外地出差。"

一位妈妈说："我的孩子一点儿也不听话，总是和我对着干，真是气死我了！"

一位男士满面愁苦地述说道："我对工作已经很用心了，可就是得不到老板的赏识，该怎么办才好！"

一位婆婆泪流满面地说："儿媳妇一点儿也不孝顺，儿子对此也视而不见，我的命可真苦！"

一位年轻人从商店里出来，说："这个商店的服务员总是一副爱搭不理的样子，简直都快把我气炸了。"

这些人不约而同地做了一个相同的决定，就是把自己心情的好坏都交给了别人来掌控，从而把自己放在了一面镜子的位置上。别人高兴，自己就高兴；别人面无表情，自己也面无表情；别人生气，自己也就跟着生气。可另一方面，人毕竟有别于镜子，于是总感觉自己是受害者，抱怨和愤怒成了唯一的选择。可这一切的原因，只在于我们把选择的权利交到了别人的手里。

　　事情就是这么简单，我们总是把自己的幸福建立在别人的行为上，要求人家给自己幸福，可他们并没有给我们幸福的义务，因此我们不是成为被人操纵的木偶，喜怒哀乐完全凭别人摆布，就是在一次次的失望之后变得痛苦不堪。其实，当我们因别人对自己的态度不好而生气时，就是在用别人的错误惩罚自己，使自己被动地陷于郁郁寡欢之中。

　　请记住，真正能让你快乐起来的，只有你自己，而不是外界的任何东西。

　　如果你觉得自己不快乐，那一定是你自己的责任。

　　生活中，我们常常听到这样的对话：

　　女人："你爱我吗？"

　　男人："当然！"接下来常常再伴随很多海誓山盟、甜言蜜语……

　　这时候，女人往往撒娇地靠在男人胸前："嗯，你就是那个可以让我一辈子都幸福的人……"

　　没错，生活中，我们常常将自己幸福和快乐的权利交给他人，就像莉莎·妮可斯所说的那样："你往往都把创造快乐的机会给了别人，而他们常常也无法做到你想要的样子。为什么？因为唯一能为你的喜悦、幸福负责的人，就是你自己。因此，就算你的父母、孩子或配偶，他们对你的幸福也没有主控权。他们拥有的，只是和你分享幸福的机会。你的喜悦，是来自你的内心。"

你看到了吗？

你到公司了，进门的第一时间，总会有暖暖的咖啡摆在你的桌前，这是你的习惯，你的秘书从未忘记过，即使她不来，咖啡也会在，你还为她的临时请假而生气吗？谁家不能有些突发事件呢？你的内心忽然涌起一股酸酸的味道，那是幸福。

你加班到很晚，没有赶上和宝宝说晚安，回到家你迅速地冲到孩子的房间，看到宝宝熟睡的脸，他安睡香甜的样子像一个小小天使……你还会记得早晨她让你生气了吗？你笑着，甚至笑到流泪，这也是幸福。

生活总是由很多片段组成，让我们高兴的，让我们懊恼的。一个幸福的人，并非总是快乐，没有烦恼，他们也会有情绪上的起伏，但是整体上，他们总是能够保持一种积极的人生态度。在他们的生活中，幸福是常态，不幸的感觉只是小插曲。

对我们每个人来说，真正决定我们是否幸福的，是我们自己，是我们对自己的看法、对生活的态度！

　　一个人如果能够坚持做自己，能够做自己生活的主人，那么他就会觉得自己能够掌握自己的人生，能够坚持自我的想法，为自己的人生做决定，这样的人就会更加容易感到幸福和快乐。

　　相反，那些没有自我、总是生活在他人世界中的带有消极人生观的人，常常觉得自己的人生不是自己所能够把握的，他们往往将事情的发展看向消极的方向，更容易陷入担忧和恐惧中。

　　两个人在一个沙漠里行走，他们已经一天没喝水了，忽然看到前方有半瓶被人丢落的矿泉水，一个人说："太好了，有半瓶水！"而另一个人却说："唉，怎么只有半瓶水？"第一个人的心态是乐观的，感受的是幸福；而第二个人的心态是消极的，感受的则是失落。

　　生活中，谁都希望自己是幸福的天使，然而，并非每个人都能得偿所愿。看看，生活中很多吵架的画面，女子哭诉着："他太懒了，他对家庭一点儿也不负责，他总是偷偷看其他女人……"似乎所有的不幸都是对方造成的。对方，是要真正为你的幸福负责的那个人吗？不是的，你的幸福，你负责！

　　幸福，是我们内心的一种主观感受。

　　一个星期天，Roy去做礼拜。从教堂走出来的时候，看到一个穷孩子走过来，就友善地看了她一眼。这不经意的一瞥，竟然发生了意想不到的作用。那女孩感觉非常快乐，眼里充满了感激的泪水。在给朋友的信中，Roy深有感触地写道："对于我来说，这是多么生动的一课啊！原来幸福是可以如此廉价地给予！我们错过了多少扮演天使的机会！回家之后，我没有去多想此事，只记得事情已经过去，心中还有挥之不去的感伤。那匆匆一瞥竟然给一个不堪生活重负的人带来了片刻的温馨，也给她的心灵带来了片刻的轻松。"

　　幸福，也并非取决于我们所在的环境。我们可以贫穷，我们可以不漂亮，但是我们可以让自己感受幸福的味道。

　　有这样一则小故事：

　　有一个年轻军官接到调动令，将他调到一处靠近沙漠地带的基地，他不愿意让妻子跟着他受苦，决定只身前往，但是妻子觉得夫妻之间就应该同甘共苦，无奈，年轻军官带着妻子前往此地，并在附近的印地安部落中找了个小木屋把妻子安顿了下来。

　　该地环境非常恶劣，风沙漫天，早晚温差特别大，夏天的时候更是炎热无比，最糟糕的是当地的印第安人都不懂英语，根本无法和他们沟通交流。

　　在此地待了几个月，妻子觉得再也无法忍受这样的生活，她写了一封信给她远在都市的母亲，信里诉说了她在这里生活的艰苦，同时表示她准备回繁华的都市生活。

　　妻子的母亲收到信后回了封信给她，在信里母亲写道："在同一间牢房里，住着两个囚犯，他们从同一个窗户往外看，一个看到的是泥巴，而另一个看到的则是星星。"

　　妻子看完母亲的信后，有所触动，就在心里对自己说："我一定会把那星星找出来。"

　　自此以后，妻子改变了自己的生活态度，她变得积极主动起来，和当地的印第安人学习编织和烧陶，慢慢地走进了他们的生活，融入了当地的文化氛围中。

　　她研读了许多有关星象天文的书籍，并运用沙漠地带的天然优势观察星星，没过几年，出版了好几本关于星星的研究书籍，成了星象天文方面的专家。

　　"走进星星的世界。"她常常这样在心底里一遍又一遍地跟自己说。

　　消极地看待生活，除了抱怨，还是抱怨，像那位狱中看到的是满眼泥巴的囚犯一样，而积极地看待生活，寻求问题的解决，看到的并迎接我们的则是闪亮的星星，我们体会到的是幸福的味道。

　　幸福不在别处，幸福在我们每个人的心理，而且是我们自己能够决定的！

　　回到开篇的对话上，在那个的女孩的心理，我嫁给你了，就代表我把我人生所有的幸福和快乐都托付于你，你要对它们负责！自己所需要做的只是等待，而不需要任何行动。随着社会的发展，人类认识的不断提高，有着如此想法的人越来越少。这是我们在思想上的一种提高和进步——我有足够的能力照顾好我自己，我有足够的能力把握好我自己的人生，对自己的幸福负责！

　　这也是一个健康的婚姻关系中夫妻双方正确的思想态度。彼此独立，又互相依恋，互相扶持，共同进步，这样的婚姻关系才能越走越好，才能和谐、长远！

　　一个人，不应该剥夺自己作为人生主人的权利，也不应该逃避这份责任。不管怎样，我们都应该积极地面对自己，面对人生，负责自己的幸福。我们的人生，取决于我们自己，而非其他人！不管爸爸、妈妈，还是爱人、孩子，都无法给予我们真正的幸福。一个人幸福与否，只在于他自己。

　　奥雷柳斯曾经说过："如果你对周转的任何事物感到不舒服，那是你的感受所造成的，并非事物本身如此。借着感受的调整，可在任何时刻都振奋起来。"

　　所以，做一个幸福的人，请先修炼好自己的心，做一个时刻都积极乐观的人。生活不会永远风平浪静，不永远让自己满足，但是幸福，却是我们可以自己掌握的。幸福不是没有生气，没有懊恼，而是遇到任何事情，都能以一颗平和、宽容、乐观向上的心去对待。很多事情如果能换一个角度、换一个方向、换一种态度去面对，你的心情就会大不一样。

　　做一个幸福的人，我们有必要让自己变得更好，去有意识地改变一些自己性格上的缺点甚至缺陷。思想创造人生，要想创造幸福的生活，我们需要一个在心理和意志上都更加强大的自己，让自己能够超越自我心灵的限制，拼搏奋斗，不管艰难险阻。

　　将自己交与他人，我们很难得到幸福，自己的幸福自己负责，却很容易做到，因为我们是自己的主人！

第三章

幸福是心中的阳光

幸福就在一瞬间

　　人的一生不管追求什么，主要的目的是为了幸福。但幸福究竟是什么，这个看似简单的问题却不好回答。经典精神分析理论认为幸福来源于压抑的解除；行为认知学派认为幸福是对积极思维的现实奖励；人本主义则认为幸福是伴随自我实现而产生的一种满足的体验。

　　简单地说，人生幸福不过和三件事有关，那就是：性与自我满足，自尊与自我实现，精神与自我超越。这三件事对应着经典精神分析的三种理论：弗洛伊德的性本能论、阿德勒的自卑动力论、荣格的精神追寻论。我把这三件事物与幸福的关系简称为"3S幸福论"，3S就是：性（Sex）、成功（Success）和精神（Spirituality）。

　　有人对幸福最直截了当的理解就是"吃喝玩乐"。吃喝玩乐的核心其实是自我的生理满足，而生理满足的最原始形式和最大强度来自性本能。性本能在所有的生理本能中和幸福感有着最高的相关度。而和性本能相关联的人类性欲文化构筑了人类幸福感的底层基础。从艺术的性欲表征到婚姻生活的"鱼水之欢"，如果人类没有了"性福"，那么其他的幸福也就失去了色彩。

"性福"虽美，但在充满生存竞争的人类社会中，"性福"失去了其原始的单纯。人在努力驾驭自己身体的同时，必须学会驾驭更加复杂的人际关系，并且要在社会生活中达到社会要求的目标。通过对现实成功的追求，人的幸福从单纯自我满足的层面上升到了社会的层面。名望、权力、财富使得自我的能量从自我本身延伸到自我以外的世界，这种幸福感可以说是人类特有的。

然而当一个人在获得了世俗的成功以后，这个人是否就一定快乐呢？大文豪托尔斯泰和大富翁洛克菲勒在达到了事业的顶峰以后，却都想到了自杀，因为他们失去了生活的意义和目标。当人进入老龄，不管你是否成功，每个人都不得不面对死亡的挑战。在死亡面前，不管你在世俗生活中有多么成功，依旧会感到如幼童一样软弱无助，于是，人们对人活着的意义的探究就成为不可避免的愿望。

50多岁的洛克菲勒在死神面前决定接受心理治疗。心理医生告诉他一个方法，把过去赚来的钱想办法回馈给社会。洛克菲勒接受了这个建议，在随后的40年里他成为了世界上最慷慨的慈善家之一。他超越了狭隘的"小我"，把自己的生命融汇到对人类文化事业的支持中，同时让自己的精神得到了升华。虽然这世界上绝大多数人成不了洛克菲勒那样的富豪，但把自己生命的意义通过精神的升华而扩展到人类普世的价值层面，那么一个普通的人也可以感动整个世界，而"小我"的幸福也就和全人类的幸福结合在一起了。

　　从前有个男孩子住在山脚下的一幢大房子里。他喜欢动物、跑车与音乐。他爬树、游泳、踢球、喜欢漂亮的女孩子。他过着幸福的生活，只是经常要让人搭车。

　　一天，男孩对上帝说："我想了很久，我知道自己长大后需要什么。"

　　"你需要什么？"上帝问。

　　"我要住在一幢前面有门廊的大房子里，门前有两尊圣伯纳德的雕像，并有一个带后门的花园。我要娶一个高挑而美丽的女子为妻，她的性情温和，长着一头黑黑的长发，有一双蓝色的眼睛，会弹吉他，有着清亮的嗓音。

我要有三个强壮的男孩，我们可以一起踢球。他们长大后，一个当科学家，一个做参议员，而最小的一个将是橄榄球队的四分卫。

我要成为航海、登山的冒险家，并在途中救助他人。我要有一辆红色的法拉利汽车，而且永远不需要搭送别人。"

"听起来真是个美妙的梦想，"上帝说，"希望你的梦想能够实现。"

后来，有一天踢球时，男孩磕坏了膝盖。从此，他再也不能登山、爬树，更不用说去航海了。因此，他学了商业经营管理，而后经营医疗设备。

他娶了一位温柔美丽的女孩，长着黑黑、长长的头发，但她却不高，眼睛也不是蓝色的，而是褐色的。她不会弹吉他，甚至不会唱歌，却做得一手好菜，画得一手好花鸟画。

因为要照顾生意，他住在市中心的高楼大厦里，从那儿可以看到蓝蓝的大海和闪烁的灯光。他的屋门前没有圣伯纳德的雕像，但他却养着一只长毛猫。

他有三个美丽的女儿，坐在轮椅中的小女儿是最可爱的一个。三个女儿都非常爱她们的父亲。她们虽不能陪父亲踢球，但有时他们会一起去公园玩飞盘，而小女儿就坐在旁边的树下弹吉他，唱着动听而久萦于心的歌曲。

他过着富足、舒适的生活，但他却没有红色法拉利。有时他还要取送货物——甚至有些货物并不是他的。

一天早上醒来，他记起了多年前自己的梦想。"我很难过"，他对周围的人不停地诉说，抱怨他的梦想没能实现。他越说越难过，简直认为现在的这一切都是上帝同他开的玩笑。妻子、朋友们的劝说他一句也听不进去。

最后，他终于悲伤地病倒住进了医院。一天夜里，所有人都回了家，病房中只留下护士。他对上帝说："还记得我是个小男孩时，对你讲述过我的梦想吗？"

"那是个可爱的梦想。"上帝说。

"你为什么不让我实现我的梦想？"他问。

"你已经实现了。"上帝说，"只是我想让你惊喜一下，给了一些你没有想到的东西。"

"我想你该注意到我给你的东西：一位温柔美丽的妻子，一份好工作，一处舒适的住所，三个可爱的女儿——这是个最佳的组合。"

"是的，"他打断了上帝的话，"但我以为你会把我真正希望得到的东西给我。"

"我也以为你会把我真正希望得到的东西给我。"上帝说。

"你希望得到什么？"他问。他从没想到上帝也会希望得到东西。

"我希望你能因为我给你的东西而快乐。"上帝说。

他在黑暗中静想了一夜。他决定要有一个新的梦想，他所梦想的东西恰恰就是他已拥有的东西。

后来，他康复出院了，幸福地住在47层的公寓中，欣赏着孩子们悦耳的声音、妻子深褐色的眼睛以及精美的花鸟画。晚上他注视着大海，心满意足地看着明明灭灭的万家灯光。

你可以说现实是残酷的，因为没有得到梦想中的东西；你也可以说现实是美好的，因为你得到了梦想中意想不到的东西。感到生活美好的人通常都是快乐的。

不幸福只因不单纯

在人的一生中，也会有许多的追求、许多的憧憬。追求真理，追求理想的生活，追求刻骨铭心的爱情；追求金钱，追求名誉，追求权势和地位。当然，有追求就会有收获，我们会在不知不觉中拥有很多。有些是我们必需的，而有些却是完全用不着的。那些用不着的东西，除了满足我们的虚荣心外，最大的可能，就是成为我们的一种负担。

其实，幸福与快乐源自于内心的简约。简单使人宁静，宁静使人快乐。

柿子树在夏秋之际的断折，是因为它在最为繁华的时节，背负了太多的沉重，就像英雄往往魂断于盛年。而在深秋或寒冬，华叶落尽，果实卸下，生命开始简单而平静，再面对风霜雨雪的袭击时，就显得无所畏惧、宁静泰然了。

　　一个人一生的时间是很有限的，即便你健康地活到80岁，才有29200多天，这里面还要除去2/3的时间用于睡眠和其他琐事，还要除去童年、少年和老年的时光，其实你可以用来做事情的时间只有短短的几千天。在有限的人生中，你不可能做得太多，所以只能有选择、有方向的去努力。

　　古往今来，那些真正健康长寿的人，那些人格高尚、具有爱心、在事业上有所建树、给人类社会留下精神财富的人，无不生活简朴、思想单纯专一。智者的简单，并非因为贫乏或缺少内容，而是繁华过后的一种觉醒，是一种去繁就简的境界。司马迁用一生的血和泪只铸就了一部《史记》，但给后人留下的却是"千古之绝唱，无韵之离骚"；岳飞面对在风雨中摇曳的南宋王朝，"怒发冲冠"、精忠报国，一生都发出了"莫等闲，白了少年头，空悲切"的呐喊；霍金肢体全部失去知觉，但他用一生的时间写出了令无数青年深受启迪的著作《时间简史》。

　　一个心中有坚定信念的人，一个有明确目标的人，他会心无旁骛，并善于将可能引起忧思苦恼及妨碍前进的事物丢弃掉，不让它干扰自己的身心和脚步。

　　牛玉儒，一个在短短的时间内就响遍中国大江南北的名字。他在呼和浩特市做了493天市委书记，也整整奔波了493个昼夜。他一生最后一个电话是打给城建局局长的，在他患结肠癌最后住院期间，曾三次返回呼市亲临建筑工程施工现场……牛玉儒的一生只想一句话，"我不是家长，我是勤务员"。在呼市工作期间，他只有一个目标：使呼市的GDP在两年内由目前的400亿元翻到800亿元，使呼市人均收入达到6000元。牛玉儒虽然在呼市人民的悲泣中永远地离开了，但他的目标却达到了，这个城市也因此而永远记住了这个人。牛玉儒的一生很短暂、很简单，但却很精彩！

　　一个人要想有所作为，要想在生活中健康有力地向前走，就不能背负太多无用的东西，要学会清理和放弃。简单的过程是一个觉醒的过程，大道至简，精彩人生一定是一个化繁就简的人生。

　　古人有句话叫"大道至简"，用今天的话来说，就是"越是真理就越是简单的"。著名的美籍华裔数学家陈省身先生有一个很有超的"数学人生法则"：数学的一个重要作用就是九九归一，化繁为简。智者的简单，并非因为贫乏或缺少内容，而是繁华过后的一种觉醒，是一种去繁就简的境界。简单的过程是一个觉醒的过程。大道至简，健康的人生一定是一个去繁就简的人生。

　　古希腊的佛里几亚国王葛第士以非常奇妙的方法，在战车的轭上打了一串结。他预言：谁能打开这个结，就可以征服亚洲。一直到公元前334年，还没有一个人能够成功地将绳结打开。这时，亚历山大率军入侵小亚细亚，他来到葛第士绳结之前，不加考虑，便拔剑砍断了绳结。后来，他果然一举占领了比希腊大50倍的波斯帝国。

　　在现实生活中，困扰我们的绳结同样存在，并且有可能就在我们的心中。

　　有一个青年人从家里出门，在路上看到了一件有趣的事，正好经过一家寺院，便想考考老禅师。他说："什么是团团转？""皆因绳未断。"老禅师随口答道。

　　年轻人听了大吃一惊。

　　老禅师问道："什么事让你这么惊讶"？

　　"不，老师父，我惊讶的是，你是怎么知道的呢？"年轻人说，"我今天在来的路上，看到了一头牛被绳子穿了鼻子，栓在树上，这头牛想离开这棵树，到草场上去吃草，谁知它转来转去，就是脱不开身，我以为师父没看见，肯定答不出来，没想你一口就说中了。"

老禅师微笑道："你问的是事，我答的是理：你问的是牛被绳索而不得脱，我答的是心被俗务纠缠而不得解脱，一理通百事啊。"

年轻人大悟。

其实，人生中不如意事十之八九。得失随缘吧，不要过分强求什么，不要一味地去苛求什么，世间万事转头空，名利到头一场梦，想通了，想透了，人也就透明了，心也就豁然了。名利是绳，嫉妒和褊狭都是绳，还有一些过分的强求也是绳。一个人，只有摆脱了这些心中的绳索，才能享受到真正的幸福，才能体会到做人的乐趣！

一只风筝，再怎么飞，也飞不上万里高空，是因为被绳子牵住；一匹马再怎么烈，也被马鞍套上任由鞭抽，是因为被绳子牵住。因为一个根绳子，风筝失去了天空；因为一根绳子，水牛失去了草地；因为一根绳子，大象失去了自由；还是因为一根绳子，骏马失去了驰骋。细细想，我们的人生，也不常被某些无形的绳子牵住了吗？某一阶段情绪不太好，是不是自己也存在某种心索？我很受启发：这则小故事是不是也能朋友带来一些启示呢？

　　一个孩子在大山里割草，被毒蛇咬伤了脚。孩子疼痛难忍，而医院在远处的小镇上。孩子毫不犹豫地用镰刀割断受伤的脚趾，忍着疼痛保住了自己的生命。

　　一位朋友到一家餐馆应征做钟点工。老板问："在人群密集的餐厅里，如果你发现手上的托盘不稳，即将跌落，该怎么办？"许多应征者都答非所问。朋友答道："如果四周都是客人，我就要尽力把托盘倒向自己。"最后，朋友成功了。

　　亚历山大果断地用剑砍绳结，说明他舍弃了传统的思维方式；小孩子果断地舍弃脚趾，以短痛换取了生命；朋友果断地把即将倾倒的托盘投向自己，才保证了顾客的利益。在某个特定的时刻，你只有敢于舍弃，才有机会获得更长远的利益。即使遭到难以避免的挫折，你也要选择最佳的失败方式。

　　成功往往蕴含于取舍之间。不少人看似素质很高，但他们因为难以舍弃眼前的蝇头小利，而忽视了更长远的目标。成功者有时仅仅在于抓住一两次被人忽视的机遇，而机遇的获取，关键在于你是否能在人生道路上进行果敢的取舍。

　　人活在世上都要扮演一定的角色，或许你的生活很简单，但是你也会有自己的幸福。

　　有些人，他们活着，却没有时间去多愁善感；爱着，他们却不懂得怎么诠释爱情；他们满足，因为他们没有奢望生活过多的给予；他们简单，不用在人前掩饰什么。他们也许连幸福是什么都不知道，然而真正幸福的就是这么一群简单的人。

　　人之所以不幸福，就是因为不能够少顾虑；其实，不要去刻意追求什么，不要向生命去索取什么，不要为了什么去给自己塑造形象，简单本身就是一种幸福。

不要阻挡自己的幸福

很多人总是觉得自己不幸福，觉得自己没有能力，无法抓住幸福。事实上不然，那只是在为自己开脱，你不幸福的主要原因不是能力和客观条件，而是你自身的潜意识。

约瑟夫·墨菲是世界潜意识心理学权威，他提出：潜意识能解决你的所有问题，能治愈你的身体，实现你的梦想，甚至连你不敢想的事情都能被实现。

对照自己好好想想，是不是心里的软弱阻挡了你前进的脚步，是不是可笑的自卑阻挡了你思维飞翔的翅膀，是不是你的潜意识让你放弃了幸福的机会？

仔细想想，难道不是这样吗？

墨菲曾经讲过一个故事。

在一条路上有一个老树桩，有一匹马每次路过都会受惊却步。后来农夫为了不让马再受惊，就把树桩挖掉了。可是当这匹马再次路这里时，竟然又停住了脚步。这种现象发生的原因，是因为在马的潜意识里依然存在着树桩的记忆。

而人也一样，在幸福的道路上其实没有"树桩"，那只是你的幻想而已。在你的潜意识里你现在有什么担忧，你现在就可以把它从你的心中挖掉，告诉自己，再也没有可以阻挡我的东西了！

当路上再也没有了可以阻挡你的"树桩"，想想你会变成什么样呢？自信、乐观、充满干劲，到了那时，又有什么能阻挡的了你前进的步伐呢？幸福是自己抓到的，如果永远沉溺在懦弱里面，幸福就不会自动落在你眼前。要相信我们都有着巨大的潜力，要对这种潜力有自信，幸福就属于你，你就会实现心中理想。

来吧，忘记那个让你无法前行的障碍，去追求想要的生活，去追求喜欢的人，去追求那些你所倾慕的一切。成功在于尝试，当你推开荆棘迈开脚步，就证明你已经奔赴在得到幸福的道路上了。没有什么能够阻挡我们对幸福的向往。

世界上最幸福的人，就是那些能够常常将心中最美好的东西施展出来的人。幸福和德行互为补充。最幸福的人不仅是最美好的人，通常也是最能成功体现生活艺术的人。常常表达爱、光明、真理和美好，你就会成为当今世界上最幸福的人之一。

　　美国心理学家之父威廉·詹姆斯说过，19世纪人类最伟大的发现不在自然科学领域，而是人们的潜意识在信仰的触动下所产生的力量。我们的潜意识支配着行动的力量，这种支配力量影响着我们迈向幸福的步伐，移除内心里潜意识的障碍，能让我们走向幸福的道路更加畅通。打破潜意识中的障碍，最主要的就是勇于迈出第一步，在不断的实践中去克服这个障碍，使内心的道路更加平坦。消除了内心潜意识的障碍，你就拨开了幸福藏匿的云彩。不要因为潜意识的障碍而挡住自己幸福的降临。

平庸必然无法剥夺幸福

平庸是一种生活，幸福是一种心态。所以，平庸并不能剥夺你的幸福，相反，平庸的生活说不定也会带来幸福。平庸，也许心平气和，就不会有那么多心高气傲。也许我们曾经有许多的雄心壮志，也曾多次奋斗、多次努力、多次挣扎，但最终逃不脱命运之网，我们没有成为有着很大成就的人，终于，我们明白，我们很普通，仅仅是千百万平凡中的一个我们也曾抗争，也曾努力力争上游，想成为众人中的佼佼者，但多次的重复使我们懂得，我们的生活其实是平庸的，但是这种生活却不一定是不幸的。

平庸的生活，会让我们少了很多生活中的争斗，少了很多无谓的烦恼，不必整日担忧自己优越的生活什么时候会消失，我们会满足于这种小日子的幸福。心安理得的生活，让我们觉得稳定，使我们心无过高的所求。平庸也让我们远离了为了物质、名利、权势而争斗的生活，我们可以享受着爱好，享受着属于自己小家庭的温暖，生活得心安理得。

我们知道自己可以拥有什么，知道自己能拥有什么，知道自己想拥有什么，不会为了争夺更高的成就或是利益而整日忙碌。我们有更多的时间享受每一天，享受自己的精彩！

平庸的生活让我们学会了与人为善、心存感激，懂得感动，懂得取舍，懂得选择，所以我们也就远离了烦恼。

安于现状也是一种幸福，就这样平平淡淡地生活，善待生活中的每一天，平常、平安就已经知足，平淡中的满足就是幸福。

当生活过得平庸，我们就多了时间感受生命给予的幸福。当春雨降临，我们就感觉到了上天赐予大地的恩惠；当拥抱着爱人，就感到生活给予的幸福；当自己忙碌于工作，就感觉到了生活的充实。知足，所以常乐。我们虽然平庸，但是我们很真诚。虚伪和狡诈，离我们很远。因此我们不需要以假面孔来伪装自己，所以就活得很轻松，也活得很自在，活得很潇洒。

幸福不会从天而降，需要自己去经营。平庸未必不幸福，只要自己用心去体会幸福，平庸的生活也会幸福。幸福不是做给别人看的，是要用心经营的。学会挖掘可能的幸福，发展已有的幸福。其实，幸福只是一种心态，无论平庸或是出色，幸福只是一种源于内心深处的平和与协调。一个人幸福与否，最终都得回归自我。只要自己相信自己是幸福的，自己才会幸福；反之，如果自己感觉不到幸福，无论在别人眼里多么风光，自己的内心一定会是疲惫和痛苦的。

太多的欲望，往往会阻止幸福的脚步，因为内心缺少一种满足，总是贪图更多的幸福和忽视了眼前的东西。建功立业、声名显赫、受人尊敬、受人羡慕，这自然是很多人都向往的生活，但是这些却要付出艰辛才能得到。其实，平庸的生活一样可以拥有幸福，只要拥有一颗感受幸福的心。

幸福是心中的阳光

在一位老人的百岁生日宴会上，有位记者问他："幸福是什么？"老人微微沉吟一下，说："幸福是心中的阳光。"

这位记者闻言显得有些意外，他以为老人会说幸福是儿孙满堂或年纪这么大身体依旧硬朗之类的话。这时，老人的一个孙女悄悄告诉记者，老人是一个盲人。

你或许会有这样的疑问，一个根本就看不到太阳的人，为什么会说幸福是心中的阳光呢？其实静下心来仔细想一想，大概就能够理解老人的这句话了。照射在身上的阳光并不一定就会让人觉得温暖，而照射到心里的阳光才会让人觉得暖意充溢全身，有力量、有信心，对未知的将来充满希望。在我们的心里应该有阳光，并让这阳光照亮我们的生活和人生。就一如这位百岁老人一样，尽管双目失明，但他的生活和人生却是明媚的，因为他有阳光般的心态。

　　心态决定命运，我们很多的不如意往往是我们自己造成的，并不一定都是由于客观因素的限制。客观因素或许会让我们一时地陷入窘境之中，但最终能否走出去，关键在于我们有一个什么样的心态。这个世界上难免会有阳光照射不到的角落，如果眼睛只盯着这些地方，抱怨世界的不公正，那我们终其一生也只能生活在黑暗里。

　　英国的一家报纸在1997年的12月刊登了一张照片，是英皇室查尔斯王子与一位流浪汉的合影照。这张合影照来源于一次相逢，一次很有戏剧性的相逢。查尔斯王子在寒冷的冬天去伦敦的穷人区拜访，竟然意外地遇到了自己以前的校友。这位叫克鲁伯的流浪汉，曾经和王子就读于同一所大学。当他在人群中喊叫着，告诉王子自己的名字时，王子已经根本不能将他和自己记忆中的那个人联系在一起了。王子大学的同学怎么可能沦落到街头，成为一名流浪汉呢？他的人生又会是怎样的一种经历呢？

　　原来，克鲁伯也曾拥有显赫的家世和诱人的学历，可自从经历了两次失败的婚姻之后，他就变得自暴自弃起来，每天以酗酒为乐。最后，他从一名作家变成了街头流浪汉。在此我们不禁要问，是什么使克鲁伯从一位作家成为了流浪汉？是他那两次失败的婚姻，还是他因此而消极下去的心态？答案当然是不言而喻的，其实，从阴影笼罩在他心里的那一刻起，他已经输掉了自己的人生。这正如查尔斯王子在回忆起这个同学时所说的——"一个人对人生的态度比教育、金钱、环境更重要。"

心态是我们面对各种人生遭遇时的态度和反应。在生活中，遭遇逆境是每个人都不可避免的，此时，每个人的态度也就决定了将会有怎样的一个人生。好的心态能够使我们过上幸福的生活，差的心态却足以毁灭我们的人生。那位双目失明的老人之所以年逾百岁依旧身体健康，就是因为他有着一颗阳光般的心态；同为身出名门的查尔斯王子的同学之所以从一名作家沦落为流浪汉，就是因为他的心一直被黑暗所笼罩着。

请让阳光照射进你的心灵里吧，因为阳光照射到的地方，乌云必定消散。

选择幸福的思想

当年格兰特总统问一位哲学家斯蒂尔："谁是最快乐、最幸福的人呢？"

斯蒂尔的回答出乎格兰特总统的意外，他说："谁能这么想，也能这么做的人，就是最快乐与最幸福的人。"

在一次讲座时，我讲快乐是自然状态，是正常的；不快乐是不正常的，是有原因的。有一位大学生反问："这是不是阿Q精神呢？我倒认为不快乐是正常的。"

人生就是一种选择，人的快乐与否也是一种选择，如果你想不快乐，那你尽可以这样思想，也许你就会真的变成阿Q。

其实人生中很多的对与错，特别是思想上的，是没有一个绝对的判断标准的，都只是人的一种选择。因此，凡是有助于我们人生成功与快乐的思想就是正确的，凡是不利于我们人生成功与快乐的思想就是不正确的。

　　快乐是你心理上选择的结果。生活快乐的法则就是要随时把守好心灵的大门，永远只让那些美好快乐的东西占据心灵，将那些不快乐、不开心的东西全部挡在门外。一个人的快乐程度有多大，就取决于你内心中能让多少美好的东西存在，而将那些不美好的东西排斥出去。

　　潜意识没有判断能力，只有执行能力。一旦潜意识接受了一个想法，它就开始执行。潜意识既执行好的想法，也执行坏的想法。你要是消极地使用这一规律，它就会给你带来沮丧、失败和不幸。如果你的习惯思绪方式是积极的、和谐的、具有建设性的，那你就会拥有健康、快乐、成功和一切美好的事物。

　　潜意识是土壤，意识是种子，思想播下怎样的种子，潜意识就帮你收获怎样的果实。所以选择幸福的思想，就有幸福的结果。

　　有次和同事去北京旅游，计划玩10多天，可第二天同事的钱包掉了，于是，他心烦意乱。我劝他可以先用我的钱，不够了还可以找北京的朋友借。反正钱已掉了，烦也没用，不如忘掉它，只当没发生过，照旧开开心心地去玩，说不定这辈子就来北京这一次。

但他始终心情不佳，玩起来无精打采，每次跟我出去时，都耷拉着脑袋，苦着一副脸，就像我欠他的钱一样，弄得我也无心游玩，只好对他说："我们回去算了。"

于是，我们买好了车票准备提前回家，可就在收拾行装时，突然发现他的钱包夹在床缝中。这下他顿时喜出望外，可我在一边真恨不得踢他一脚。一次本来非常美妙的生活旅程就这样被他破坏了。他的钱虽没有失去，却失去了一次对美好生活的享受。

林肯说：人们都是自己想要怎么快乐就能怎么快乐。我们的烦恼几乎毫无例外都是属于心理上的，而不是生理上的。

其实不仅是快乐，人生中的成功、友善、博爱无一不是你选择的结果，你想获得幸福的生活，你就必须在潜意识里种下幸福的思想，它就能帮助你收获幸福的人生。

你想快乐，就要在潜意识里播种快乐；你想要成功，就要在潜意识里播种成功。

人的外在世界是人内心世界的反射，所有外在的改善都来自人内心想法的改善。

所以选择高贵，选择积极主动，选择终生学习，选择一切有助于你人生幸福的思想，你就会真的有幸福的人生。

　　只让生命中的美好充满你的心灵，在爱中生活，在梦想中生活，你就能过上成功而快乐的生活。

　　所以，潜意识是土壤，意识是种子，你思想播下怎样的种子，潜意识就帮你收获怎样的果实。

　　选择幸福的思想，就有幸福的结果。

幸福需要"内视镜"

幸福，其实很简单，但也不简单。首先，要知道自己到底想要什么，什么才能给你带来幸福。其实，有时候静下心来自己想想，竟不知道自己一直苦苦追寻的是什么？名誉，地位，还是权势？在探究这些之前，先看一个小故事。

在风景旖旎的奥地利阿尔卑斯山下，坐落着这样一座豪华别墅：占地总面积超过1000平方米。这栋别墅依山傍水，看起来诗意盎然。别墅内雍容华贵，富丽堂皇，有游泳池、喷泉、桑拿、酒吧……总之，就是各种奢华设施应有尽有。有人估价，总价值约150万欧元。而它的主人，是当地一位很有名的富翁，名叫卡尔·拉伯德尔，47岁。在这样的豪宅里生活，可谓是人间天堂，也算是人生的一大幸福。

　　有一天，卡尔·拉伯德尔却突然做了一个令所有人都咂舌的决定：他要卖掉别墅，将所有资产捐给慈善机构。这个消息一出，有人说他是在炒作，有人说他肯定是脑子进水了，甚至还有人说他这是在做秀，是图名利。面对外界的议论，卡尔·拉伯德尔只字未提。他默默地按照自己最初的想法，将别墅的总资产设置成两万余张的彩票发售，每张99欧元。彩票一发行，无数人趋之若鹜，整座别墅瞬间被围了个水泄不通。

　　去年8月16日，也就是彩票发售的最后一天。一位德国女性成了这座别墅的幸运儿。这一吸引人眼球的新闻，早已让众媒体急不可耐，无数媒体瞬间就蜂拥而至。已经沉默一年的卡尔·拉伯德尔，对着记者们的"长枪短炮"发表了简短的讲话：

　　"在我还是一名摄影爱好者的时候，我曾经历过这样一个村庄：方圆几里都是一片废墟，楼房没了，树木没了，马路没了，四周一片死寂……我还发现了，无数无家可归的孤儿寡女，衣衫褴褛地蹲在墙角，许多穿着裤衩的小孩，冷飕飕的蜷缩在用坦克皮围成的'小房'里……"也就是从那一刻起，我突然觉得什么香车美女，对我完全没有了吸引力了，我应该为别人做点儿什么。

话毕，他把彩票所得的全部资金，当场委托给当地的慈善机构，让他们将款项作为贫困儿童专用资金。

当记者问及卡尔·拉伯德尔今后的打算时，他笑着说，他马上就要搬到阿尔卑斯山上了。

那儿有他搭好的小木棚，那里沉静得像一座教堂，他需要安静地做点儿事，他着手准备写一本关于"孤儿"的书。

翌日，关于"富翁售豪宅为公益"的新闻满天飞，但话题无非就是感叹富翁如何慈善为怀等不得要领的文字。只有在萨尔茨堡市的一家地方小报，报道这则新闻的时候，它的标题用了——知道自己需要的是什么，才叫作幸福。

你有没有在这个故事中，得到一些感悟呢？幸福需要"内视镜"，你首先要做的就是，知道你需要什么，你又想要什么。

很多时候，困住我们的其实是我们自己。挣脱心灵的枷锁，摆脱生活的困境，经过苦难磨炼人方能得以成长。

一个小孩在看完马戏团的表演后，随着父亲到帐篷外拿干草喂表演完的动物。

　　小孩注意到一旁的大象群，问父亲："爸，大象那么有力气，为什么它们的脚上只系着一条小小的铁链，难道它无法挣开那条铁链逃脱吗？"父亲笑了笑，耐心为孩子解释："没错，大象是挣不开那条细细的铁链。在大象还小的时候，驯兽师就是用同样的铁链来系住小象，那时候的小象，力气还不够大，小象起初也想挣开铁链的束缚，可是试过几次之后，知道自己的力气不足以挣开铁链，也就放弃了挣脱的念头，等小象长成大象后，它就甘心受那条铁链的限制，而不再想逃脱了。"

　　正当父亲解说之际，马戏团里失火了，大火随着草料、帐篷等物，燃烧得十分迅速，蔓延到了动物的休息区。动物们受火势所逼，十分焦躁不安，而大象更是频频跺脚，仍是挣不开脚上的铁链。

　　炙热的火势终于逼近大象，只见一头大象已被火烧着，灼痛之余，猛地一抬脚，竟轻易将脚上的链条挣断，迅速奔逃到安全的地带。其余的大象，有一两只看到同伴挣断铁链逃脱，立刻也模仿它的动作，用力挣断铁链。但其他的大象却不肯去尝试，只顾不断地转圈跺脚，而遭大火席卷，无一幸存。

　　在大象的成长过程中，人类聪明地利用一条铁链限制了它，虽然那样的铁链根本系不住有力的大象。

　　在我们成长的环境中，是否也有许多肉眼看不见的链条在系住我们？而我们也就自然而然地将这些铁链当成习惯，视为理所当然？

　　就这样，我们独特的创意被自己抹杀，认为自己无法成功致富；告诉自己难以成为配偶心目中理想的另一半，无法成为孩子心目中理想的父母、父母心目中理想的孩子。然后，开始向环境低头，甚至于开始认命、怨天尤人。

　　这一切都是我们心中那条系住自己的铁链在作祟罢了。或许，你必须耐心静候生命中来一场大火，逼得你非得选择挣断链条或甘心遭大火席卷。或许，你将幸运地选对了前者，在挣脱困境之后，语重心长地告诫后人，人必须经苦难磨炼方能得以成长。

　　很多时候，困住我们的其实是我们自己。

从幸福中看穿自己

　　幸福是什么？按年轻人的话说就是：猫吃鱼，狗吃肉，奥特曼打小怪兽。做自己想做的，做自己能做的，在自己的范围里做自己力所能及的事，这就是幸福。虽说这话是一句幽默的言语，但也不难看出我们年轻一辈对幸福新的解释。

　　我们知道，让我们疼痛的那部分是上帝赐予我们的一只手，在关键时刻拉我们一把，扭转局面，实现目标。

　　我们生病的时候，如果身体的某个部位不舒服，我们就感到反常，感觉机能不如以前。等身体恢复健康以后我们会惊奇地发现，生病的器官机能比以前强多了。一个叫阿费列德的外科医生揭示了这个谜底。他在解剖尸体时发现了一个奇怪的现象：那些患病的器官并不如我们所想象的那样糟糕，相反，在与疾病的抗争中，为了抵御病变它们往往变得比正常的器官机能要强。

阿费列德由此总结出"跨栏定律"，即一个人的成就往往取决于他所遇到的困难和程度。正是在与困难的拼搏中，人们才一步步强大起来。

看过这样一个火灾报道。一个工厂的宿舍区半夜里发生火灾。当时许多工人在上夜班，仅有几个人在宿舍里，其中有一个年纪偏大，平常在工厂的食堂里帮忙烧饭。灾难袭来时，大火封锁了消防通道，现场一片混乱，为了求生，人们都争着外逃，其中包括那个老人。等救援的人赶到现场时，那些快逃到门口的人早已昏厥在地，有的被大面积烧伤，有的被燃烧后倒塌的梁柱击中要害，当场死亡。等援救人员扑灭大火，清理现场时才发现在厕所后边一扇破了的窗户下躺着一个人，他是唯一的幸存者。这个幸存者不是年轻力壮的青年，而是一个老人，他只是轻微地受了点外伤。

这让救援人员十分惊讶，他们根本不相信体弱年衰的他能够逃生。

更令人惊讶的是，这名幸存者一只眼睛已经失明，而且腿部还有残疾，平时走起路来一瘸一颠的。

有人问他，当时他怎么想的？他的回答是："我没有多想，只是在最短的时间里想了自己平时最留意的地方。因为我只有一只眼睛，平时我就努力记住容易被健全人所忽略的地方，比如厕所后面那扇矮矮的窗户，那是一般人不重视的地方，我正是从那里爬出来的。"有个记者追问他："逃生时你不感到身体疼痛吗？"

"当然，但是根本顾不上了，正是因为疼痛，我才不走和他们同样的求生道路，我只想早点儿摆脱这种疼痛，没想到爬出窗户就不疼了。"

在场的人翘起大拇指，噙着泪连声说佩服。

这个事例和阿费列德医生得出的结论十分吻合。原来，让我们疼痛的那部分，其实是个宝。

我们不是跌倒在自己的"疼痛"上，恰恰相反，我们是跌倒在自己的健康上。身体再健康，如果没有"疼痛"，我们也会摔跟头。

幸福有时像顽皮的孩子，他会跑来蒙住你的双眼；幸福有时又像羞涩的少女，总是喜欢用面纱遮住自己娇嫩的脸，当她飘然而过，望着那模糊的背影，我们才会怅然说道："那，可是幸福？"

　　提起幸福，总会浮现一些美好的画面。儿时，母亲悄悄塞在手里的一颗糖果；在外受到委曲时伏在母亲怀中听母亲柔声的安慰；节日时，一张张盛满祝福和思念的贺卡，手机里传来的温暖短信；儿时在天空中放飞的风筝，还有过年时那单一的礼花绽放；与亲密的朋友分别后，一封封穿梭在岁月中泛黄的书信；亲朋好友从千里之外打来的电话。与父母、兄弟姐妹相聚，一起轻言细语，谈家长里短；深夜里为电视情节中的主人公洒下的那滴热泪；独处时，随手敲下的一段文字；与知心朋友的一次交心。春风中，在万米阳光下绽放的第一枚柳芽；夏日里，一场疾雨后高悬天边的一轮彩虹；秋风中，静静飘落的一片金黄；寒风中，自由飞舞的雪花。

　　也许，你会问："这，就是幸福？"是的，时光流逝，能够紧握在手中的幸福，也只是这样一些微不足道的点点滴滴。所以，我们应该从平凡中寻找幸福。

　　我们总希望自己能看穿别人，那样就可以游刃有余地和别人交流，知道别人内心真实的想法，说到别人的内心去，真诚地和别人交朋友。这首先取决于我们的观察力，但是我们怎么才能从幸福中观察到自己的内心呢？每当我们看到别人幸福的场景时，有羡慕、嫉妒、恨，我们一直以为那也是我们寻找的幸福，是我们内心深处对幸福的向往。殊不知从别人的幸福中我们可以看穿自己的内心。从自己的幸福中我们一样也可以看穿自己的内心。

有时我们会从一件小事领悟出我们所苦苦寻找的幸福在哪里。于是，我们朝着那个方向改正自己的缺点，一步步向幸福迈进。从幸福中感悟人生，提高自己的精神境界，发扬优点，改正缺点。通过幸福，感受亲情，感受友情和爱情，感恩世界，从高处审视自己，进而追求永恒的幸福。

所以，我们从幸福中看穿自己的欲望，看穿自己的内心世界，从而总结出我们所追求的幸福是什么，然后往那方面努力，最后享受自己的幸福。这是最完美的境界。在我们追求自己幸福的过程中，我们也会不断地感悟到幸福的真谛，从而会追求简单的小幸福，感受自己身边的微小的小幸福。知道如何感受幸福了，我们就会发现身边到处都是幸福，幸福是一件很简单的事，那样我们就会一直很幸福。所以，从别人和自己的幸福中看穿自己的内心是追求永恒幸福的捷径。

朋友们，从今天开始我们从幸福中看穿自己的内心，一起做一个幸福的人吧。

第四章

因为爱，所以幸福

爱的法则就是快乐的付出

世间众人，皆是在爱中启蒙。

"我给你们的新命令就是——彼此爱护。"邬斯宾斯基在《第三工具》中说，"爱无处不在"，它为人们开启通往第四空间——"完美国度"的大门。

真爱无私无畏，它释放所有的情感，不要求任何回报，只要付出就会感到愉悦。爱是慈悲的显现，是宇宙最强大的力量。纯洁、无私的爱会相互吸引，无须寻觅求索。没有人不知道真爱的含义。在情感上，人类自私、专制甚至恐惧，因此常常失去所爱。嫉妒是爱最大的敌人，因为它会让思维混乱，做出对爱人移情别恋的想象。如果不消除，这些恐慌可能会成为事实。

曾有一位伤心欲绝的女士来找我说她心上人另觅新欢，而且根本没想过要和她结为夫妇。嫉妒和怨恨让她丧失理智，她狠狠诅咒这个伤害了她的人，然后说："我爱的这么深，为什么他离我而去？"

我回答说："你不爱他了，你恨他，"我继续说道，"不付出就没有回报。付出挚爱才会收获挚爱。通过付出不断修缮自己吧。给他一份诚挚无私的真爱，不要苛求回报，不要刻薄怨恨，不管他心归何属都要诚挚祝福。"

她答道："不，除非知道他在何处，否则我不会祝福他。"

"你这不算真爱，"我说道，"当你付出真爱，真爱自然来，不管是他还是别人。如果他不是你的神圣选择，你不会接受他。因为你与上帝同在，所以神圣意志自然会赐予你真爱。"

几个月过去了，情况并无好转，但她心态却在改变。我对她说："当你不再为他的残酷困扰，他就不再残酷，因为一切都是你的主观臆造。"

然后我讲了一对印度兄弟的故事。这是一对非常奇怪的兄弟，他们从来不用"早上好"问候别人，而用"我向你内心的神灵问好。"他们不仅问候人的内在神灵，甚至问候丛林里动物的内在神灵。所以，他们从未受过伤害，因为他们从生物内心看到了上帝的影子。我说："问候那个男人的内心神灵吧，并要他说'我看到了神性的你。上帝正借用我的双眼看你，一个按神的形象和喜好完美地创造出的人。'"

不久，她发觉自己变得心平气和并逐渐不再怨恨。那男人是一名船长，她喜欢叫他"大盖帽。"一天，她不经意地说："不管他在哪儿，请上帝保佑大盖帽。"

我说："这才是真爱，当你变成'完整的圆'，且不再被此事困扰，你就会得到他的爱或同等的爱。"

当时我正搬家没装电话，所以几周内我们都没联系。一天早晨我收到她的一封信，说："我们结婚了。"我马上给她打电话，上来就问："怎么回事？"

"简直是个奇迹！"她叹道，"一天早晨醒来时，我发现痛苦已完全消失了。傍晚我们再相遇时，他向我求婚。一周后我们结婚了，他是我见过的最虔诚的人。"

古语云："你没有敌人，也没有朋友，人人都是你的老师。"

因此，我们不应困扰于个人的感情，多体会周围人所教我们的幸福生活，潜心学习，不久我们将会学会这些，从而得以解脱，获得幸福与自由。

该女士的爱人教会了她这样一个道理，那就是每个人，迟早要学会无私的爱。

成长不一定必须受苦，苦难只是违背神圣法则的结果。但是不受苦，人们又难以唤醒"沉睡的灵魂"。开心时，人们会变得自私，结果因果循环法则自动启动。人们往往因为缺乏感恩而遭受许多损失。

我认识一位女士，她有一位如意郎君，但她总是说："我不在乎婚姻，我不是说丈夫不好，而是我对婚姻不感兴趣。"她沉迷于其他兴趣，甚至忘记自己还有丈夫，只有在看到他的时候才想起自己结婚了。一天，丈夫告诉她他爱上了别人，然后离开了。

她带着满心的伤痛和怨恨找到了我。我说："都是你的话导致的。你说不在意婚姻，于是，你的潜意识帮你从婚姻中解脱了。"

她说："我明白了。往往人们如愿以偿后，并不感到快乐，反而会深受其苦。"还好，她很快适应了新的生活，感觉分开对两个人都好。

当一个女人变得冷漠或苛刻，丧失生活新鲜感时，她就不会再吸引她的丈夫，反而让他常怀念那些曾经的美好，结果彼此都变得不安与失望。

一位垂头丧气、灰头土脸的男士对我说他妻子钟爱"数字科学"，并给他测幸运数字。结果差强人意。他说："我妻子说我这辈子没什么出息，因为我幸运数字是二。"

我回答道："我不在乎你的数字是几，你是上帝的完美创造，我们渴求的成功与荣耀，早就已经准备好了。"

几周后，他谋得了一个不错的职位。又过了一两年后，他成为一位成功的作家。不热爱自己的工作的人，很难事业有成。对于艺术家而言，只有疯狂地热爱艺术，他才会创作出伟大的作品。粗制滥造，随便应付的创作是无法吸引人的。

鄙视金钱自然不可能富裕。"钱对我毫无意义，我看不起有钱人。"很多人因为有这样的潜意识，所以注定他们一生贫穷潦倒。

这也是很多艺术家清贫的原因。他们对金钱的鄙视阻止了金钱到来。我曾听见一位艺术家评论另一个说："他算不上一个艺术家，因为他有钱。"这种思想态度自然不会让他富足；想要得到某物必先与之和谐。金钱是上帝在现实生活中的身影，它能使人们拥有远离匮乏，获得有超脱欲望和局限的自由，但我们必须让它流动并合理使用。过分储蓄和节约会招致报复。

但是，这并不意味着人们应该大肆购买房子、货物、股票和债券，而是"心向上帝，仓廪坚实。"也就是说，当时机成熟并且需要花钱时，人们不应该像守财奴一样舍不得花钱，该出手时要出手。开心地、勇敢地消费，能为更多财富累积铺平道路，因为爱心是人类取之不尽用之不竭的财富源泉。

我们从电影《贪婪》中看到了有关存钱的例子。一位女士彩票中了5000美元但不去消费。她把钱存起来，继续让丈夫挨饿受冻，自己依靠擦地为生。她爱钱且把钱看得高于一切，结果一天晚上她被谋杀了，钱也被拿走了。

这是"痴迷金钱是万恶之源"的典型例证。金钱本身是好的，但用来破坏报复，存储节约，或认为它比爱情重要，就会会带来疾病灾难并最终损失钱财。

追随爱的脚步，一切自然而来。因为爱是一切的源泉；追随自私贪欲，造成源泉干枯，人们远离源泉，从而远离我们期望的事物。

　　有一位有钱的太太，喜欢存钱。她从不慷慨解囊，但却喜欢为自己购物。她非常喜欢项链，朋友问她有多少条项链，她答道："67条。"但是她买了项链之后，就精心地包在纸巾中存放起来。如果她戴这些项链还好，但她偏偏违反了"使用法则"。她的衣橱里都是不穿的衣服，珠宝也从未见天日。

　　后来，她的胳膊逐渐僵化，无力照料自己的财富，最后只能将它们移交他人保管。

　　所有忽视法则的人，最终都会自食其果。

　　所有的疾病、悲伤，都来自对爱之法则的违背。人的憎恨、幽怨和刻薄最终会带来疾病和悲伤。爱像陨落的艺术，但了解精神法则的人知道它一定会回归，因为人一旦失去爱时，只能是一只会发声的行尸走肉的躯体而已。

　　有一个学生，每个月都来找我，希望我帮她清除意识里的怨恨。一段时间后，她的怨恨只剩最后一个女人，但这最后一个女人却让她头疼不已。一点点的，她终于变得心态平衡，内心逐渐风平浪静。然后，有一天，她所有的怨恨终于消失得无影无踪。

　　她容光焕发地来到我这里，并且大声说道："我感觉棒极了！和那个女士说话时，我没有再朝她发怒而是非常和善友好，结果她向我道歉，也变得和我一样和蔼可亲。我感觉心里轻松极了！"

爱和善意都是事业上的无价之宝。

有一位女士向我抱怨她的老板，说她极其冷酷而又苛刻，而且还不想让自己在目前的职位上干下去。

"这样，"我说，"问候她的内心的神性，对她表达友爱。"

她说："不可能，她顽固得像一块大理石一样。"

我答道："你记得雕塑家和大理石的故事吗？有人问他为什么要那么一块大理石，他说，'因为里面有一位天使，'最终，他创作出了伟大的艺术作品。"

听完这个故事之后，她说："好吧，那我就试一下吧。"一周后，她回来对我说："我按你说的做了，现在她对我很好，还带我出去兜风了呢。"

有时人们会因为自己对某人的不友善而后悔，即使这种不友善是发生在几年前。

如果错误无法弥补，我们就可以借助善举来减轻损失。

"我做这件事，不仅是为了忘记过去，而且是为了面向未来。"

忧愁、后悔和自责会撕裂人体细胞，毒害人体环境。

一位伤心欲绝的女士对我说："请帮我开心快乐起来吧，我的忧伤让我神经兮兮，对家人很粗暴，而他们也对我冷冰冰，有意躲避我。"

还有一位女儿刚刚夭折处于极度悲痛中的女士，我对她的治疗时，反复告诫她否认损失和分离的存在，强调说爱是她快乐的源泉。她马上获得了慰藉，并且让她儿子传话说不用继续治疗了，因为她"现在很开心，不必再留恋女儿之死了。"

可见，"人的情绪"容易在悲伤和悔意上驻留。

我认识一位喜欢夸大自己麻烦的女士，这位女士有足够多的话题去夸大。

传统的观念中说，一个不担心孩子的母亲就不是一个好母亲。

现在我们知道了，其实母亲的恐慌往往会给孩子带来疾病和事故。因为恐慌能生动地刻画出这位母亲所担心的疾病和情境，如果不能及时修正，这种担忧和恐慌将会成为现实。

比如，一位女士半夜突然醒来，强烈感觉到弟弟身处险境，她没有深陷恐慌，而是说出事实真相："人类是爱的意志的完美体现，因此，我弟弟肯定处在安全的位置。"

第二天，她发现弟弟遭遇了矿洞爆炸，但是奇迹般地生还下来。

"完美的爱将会消除恐惧。恐惧之人的爱得不够完美，"并且"爱就是对神圣法则的履行。"

真爱洒满通往幸福花园的小径

　　爱是人世间不可或缺的一种美妙的情感。因为有爱的滋润，生命才更加色彩斑斓；闪为有爱的催发，才使生命更加旺盛坚强。爱是世间至高无上的法则，因为爱支撑着生命的全部。

　　特赖因曾经说过："告诉我在你心中，有多少人值得你去爱，我便能猜测出你的生命中有多少贵人；告诉我你对他人的爱有多么强烈，我便能知道你距离成功还有多远。"心中有爱，会给你的幸福加分。每个人的心底都有一颗爱的种子萌芽，只有充分认识了这个寄居在所有生命中的伟大的情感，你才能用我们要善于运用这种人间最真挚、最善良的情感爱自己、爱别人，让冰冷的世界变得更加美好，充满爱的味道。内心充满爱的人喜欢与善良的心对待，每个生命才能摒除一切令人厌恶的偏见，抛弃灰暗的悲观，与别人分享自己的快乐，并感受他人的幸福带给自己的愉悦。

　　你不能一个人过着孤独的生活还期待别人喜欢你，我们不能活在一个人的世界里，只爱自己的人是不会得到别人的爱的，所以，不要吝惜自己的爱心，要善于播撒自己的爱，让别人体味你的爱带来的幸福，你也便会从中得到满足，为自己的幸福加分。你先要学会爱别人，才会理解爱的法则，拥有可爱的性格。

　　不管生活给予我们怎样的苦难和挫折，我们都不要放弃爱自己和爱别人的机会。爱自己才能使自己更加坚强、更加健康地面对生活为我们准备的种种幸福或苦难。唯有如此，才能发挥出生命的最大价值。无论世界上发生了什么，都要学会敞开心扉，真诚地去爱他人，安抚受伤的人，鼓励沮丧的人，安慰失意的人，帮助落魄的人。当你的仁爱之心像玫瑰一样散发出芬芳，当你用爱的温暖治愈了思想上的顽疾，当你用善良的微笑为心灵的创伤止痛，你便已经洞悉了世界上最伟大的秘密。

　　当你付出的爱能成为他人幸福的源泉，那么也是为自己的幸福加分。因为你的努力改变了他人的生活，而你从中也得到了欣喜与满足。这种世界上最伟大的情感总能给你的生活带来一些改变。

有个女人走出门，发现三位白胡子老人在院子里坐着，她不认识他们。女人说："我不认识你们，但是我想你们饿了，进屋吃点儿东西吧。"

但是老人说："我们是不能同时进入一个屋子的。"

女人疑惑地问："为什么？"

于是，一位老人开始向女人介绍道："他叫财富，他叫成功，我是爱。我们不能一起跟你进屋，所以请你回去和你的丈夫商量一下，想请谁到你家。"

女人回去把刚才的一番话转告她的丈夫。

男人很兴奋："那我们把财富请进来吧！"

但是女人说："亲爱的，我们为什么不把成功请进来呢？"

在屋子的另一边，儿子听了他们的对话之后提出自己的意见："把爱请进来不是更好吗？"

男人对女人说："听儿子的！快请爱进来吧。"

女人到门外询问三个老头："谁是爱？"

爱站起来走向屋子，其他两个老头儿跟在他后面也进了屋。

　　妇人吃惊地问财富和成功："我只是请爱进去，你们为什么一起进来呢？"

　　这两个老头儿一起回答："假如你请的是财富或者成功，其他两个都不会跟着去的，当你把爱请进屋，不管爱到了什么地方，我们都将跟随。"

　　在我们的生活中，有很多人热衷于财富的追求，也有很多人迷恋于功名的获取，似乎生命注定就是名与利的纠缠，但是在这个故事中你却很容易发现，名与利并不是一切，有时候，爱却意味着全部。很多人热衷于追逐自己的愉悦，为了达到自己的目标而忽视了周围的家人、朋友。他忽略了爱他的人所给予他的真爱，而自顾自地追求自我，爱自己胜过爱他人，即使他达到了想要的目标，我想他也不是幸福的。因为没有孤独的人觉得自己是幸福的，他缺少与他分享成功与喜悦的人，只因爱自己太多。

　　所以，世界上那些最伟大的人，从不吝于将自己的赞美加之于爱上。英国的勃朗宁曾将无爱的地球形容为可怕的坟墓，法国的拿破仑启发我们进行思考："你可曾想到，失去了爱，你的生活就离开了轨道。"德国的席勒也告诉我们："爱使伟大的灵魂更加伟大。"

　　拥有爱的人是幸福的，拥有爱的世界是美好的。爱是一切希望的来源，即使你现在一无所有也不必担忧，只要你有自己爱的人和爱自己的人，那么你的幸福就触手可及，你也会有拥有奋斗的动力。

　　假设我们拥有了一切，但是唯独缺少爱，那这一切就等于零，会变得毫无意义；即使我们失去了一切，只要拥有爱，一切便都有重新得到的希望。

爱是需要表达的

　　中国人的传统一直都影响着我们对于爱的处理方式，我们总是很含蓄地向别人表达自己的爱，甚至有时还会刻意隐藏自己对别人的爱。因为我们往往觉得，真正的爱是不需要讲出来的，它需要我们记在心间，用行动去证明。如果一个人整天把爱挂在嘴边，那别人一定会怀疑他对爱的真诚度。在中国的男人与女人之间，男人的爱尤其深沉而含蓄。所以在我们的日常生活中，误会也因此接踵而来，甚至这种过于的含蓄在日积月累后会在不觉中让我们失去对爱的自信，爱仿佛离我们远去了，因为我们得不到任何语言与形式的提醒。我们开始怀疑，我们在怀疑中开始了痛苦的自我折磨，渐渐地我们开始了与爱人的争吵，似乎想要借此找到爱的答案："你还爱我吗？"这样的问题经常会出现在我们的脑海之中，像咒语一样纠缠着我

　第四章　因为爱，所以幸福　　　　　　　　　　　　　　157

们的心灵。所以，我们说爱是需要表达的，在两个人相处的过程中将我们对对方的爱进行恰当的表达，是我们学会爱和增进幸福必须具备的一种爱的技能。

　　一个人的独立、坚强和尊严并不需要以对爱人的冷漠和呆板来维护和证明。相反，一个真正独立和高尚的人是不需要以虚假的形式来掩盖内心真实情感的，他们更善于也非常愿意向爱人打开心扉，他们总会在恰当的时刻以各种不同的形式向爱人展示自己内心的情感和爱意，他们完全懂得这是自己的需要，更是对方的需要。一个真正懂得爱的人是不会让深爱的人深陷猜忌与彷徨之中苦苦折磨自己的。爱有时虽然是自私的，但在给予爱人之时应该是无私慷慨的。

　　爱一个人应该让他真正走进你的内心世界，将你对他的爱展现出来，让他听到、看到感受到。或许是繁忙中一个关心的电话，或许是动情时一句真心的表白，或许是一个深情的拥抱，或许是一朵美丽的玫瑰，不要嫌麻烦，更不要鄙视让你觉得俗气的爱情的"仪式"。如果爱你就应该将爱大声说出来，如果爱你就应该用行动去做出来。生活大部分时候都是很平静的，相伴在我们身边与我们携手一生的爱情，大多数时候都不会像电影与小说里那样的轰轰烈烈。如果你想要等待一个最能展现爱的机会才去表现，恐怕这一生你都等不到，所以，我们应该学会在平淡的生活中给自己展现爱的机会，这会让我们彼此的内心感受到无比的幸福与温暖，它会让我们的爱在持久中全部展现。

　　珊珊是个内外兼修的美丽女孩，不仅仅有美丽大方的外表，更有一颗善良温柔细腻的心灵，凡事她总是能够从别人的角度考虑问题。不论是大学时还是现在工作后，她身边总是不乏追求者。就是这样一个近乎完美的女孩儿，在恋爱两年后却越来越备感失落，她逐渐感受不到爱情的温馨与美好。每当她独自一人走在街上的时候她更加感到孤独，那种感觉背后空空的心里酸酸的。她越来越觉得无法靠近男友的心。

　　两年来的恋爱中，珊珊尽量地对男朋友好，从来不要求男朋友为自己做任何事情，她总是处处体谅他的辛苦，从来不因为男友的迟到或者是不够关心自己而耍小脾气，约会时因为自己下班早，从来就是自己坐着公交车赶到离男朋友近的地方。甚至是出去购物时她都是给男朋友买得多，吃东西她也依从男朋友的口味。这样久而久之，男朋友就习惯了珊珊的顺从与关爱，自己却很少为珊珊做任何事情，他理所应当地接受着珊珊的一切关照，似乎这已经成为了他们之间爱的模式，他不再关心珊珊的喜好，他忽略了珊珊的感受与需求，有关于爱的所有表达在他那里都成了没有必要。爱是相互的，这种互动仅仅埋藏在心里是不能够产生火花的，珊珊对于男友对自己的爱，也只剩下了一个模糊的信念，只是自己却找不到任何足可以证明这份爱的东西，哪怕只是生活中最琐碎的点滴。

　　直到那一天，珊珊因为身体不适，打电话给男朋友希望他能够接自己下班，而男朋友却以一个非常小的理由拒绝了她。就这样，长久以来日积月累的心酸从珊珊的心底一下涌了出来，珊珊放下电话，她非常想与男友大吵一架。最终珊珊忍住了，可是她选择了不辞而别。

　　尽管不来接自己下班仅仅是一件小事，但这却实实在在地伤了珊珊的心。爱情就是这样，我们不知道它何时会以什么样的方式降临在我们的身上，更不知道何时它是以什么样的方式消失在我们周围，因为它就存在于我们点滴的生活之中，无形无色，却也有着属于自己的存在形式。

　　珊珊与男友的恋爱持续了两年，可见他们的感情应该是真实而可信的，假如珊珊的男友真的不爱珊珊，那珊珊或许不会让这种患得患失的痛苦持续这么久。恋爱是甜蜜的，恋爱中一句真心的表白，一个细心的体谅，凡此种种并没有什么生死誓言与大风大浪，给对方买礼物是小事情，吃对方喜欢吃的食物是小事情，接对方下班更是一件小事。但这些都是我们表达自己爱的方式与途径，即使是相恋的时间再久，即使是结婚多年的夫妻，我们也都不应该忽视我们的每一个细小的行为。因为这都是我们表达爱的途径，如果我们切断了它，那爱就成了埋在心里的死水，没有任何意义。

爱情存在于我们平凡的生活中，大多数时它都是浪漫而温馨的，但它更加是一件庄重的事情，它需要我们的承诺与互动，更需要我们彼此的鼓励和证实。即使我们的工作再忙，也不要忘记给爱人打个电话；即使我们的工作压力再大，也不要忘记爱人是在哪天过生日；即使是我们回到家后感觉很累，也应该面带微笑给爱人一个拥抱。我们不要因为对方是自己的爱人就懒得去表示自己的爱意，哪怕是结婚多年的夫妻，我们也不要寻找任何借口放弃创造让对方感动的机会，因为路途遥远，容易堵车等借口来推脱去机场接出差归来的爱人。要知道这恰好是你向他表达爱的一个大好的时机，相信在机场看到你的那一刻，感动与爱会填满爱人的整颗心，这会让你们的爱情永远保鲜。

　　爱情存在于我们平凡的生活中，大多数时它都是浪漫而温馨的，但它更加是一件庄重的事情，它需要我们的承诺与互动，更需要我们彼此的鼓励和证实。

爱是永不败落

爱是无私的奉献与给予，包括物质、感情、行动等形式。有爱的人有朋友，博爱的人朋友广。没有爱的人从不关心一切，只有自私，这种人父子兄弟视若路人甚至仇人，这种人是社会发展的障碍。爱是与生俱来的，所以可以认为是本性的特质，换言之，爱是作为人必须具备的本质之一。虽然世界各民族间的文化差异使得一个普世的爱的定义难以道明，但并不是不可能成立（沙皮亚——沃尔福假设）。爱可以包括灵魂或心灵上的爱、对法律与组织的爱、对自己的爱、对食物的爱、对金钱的爱、对学习的爱、对权力的爱、对名誉的爱、对他人的爱，等等，不同人对其所接受的爱有着不同的重视程度。爱本质上是一个抽象概念，可以体验但却难以言语。

喜欢，仅代表个人心理感受。当见到喜欢的人或事物时，自身感觉到快乐。当喜欢达到一定的强度，人就会为之付出物质、时间、情感，甚至倾其所有，这时就上升为爱。爱，代表着愿意为对方无条件地付出，而不求回报。就像母亲对孩子的付出一样。爱是愿意为喜欢的人付出。如果不愿付出，仅仅是追求在一起时的快乐，那仅是喜欢。对于这个世界，也要从喜欢上升到爱得地步，你才能真正地理解这个世界。

在我们一生的旅程中，某些经历产生的感觉和感情会引起我们的变化，变得更深刻、更丰富、更本质。从这种经历中，我们获得对生命的意义只有形成了复杂的感情和概念，我们才能够开始真正理解世界。

客观世界和身体内部产生感觉，感觉又产生感情和情绪，赋予我们与世界相关联的"色彩"（质地、形状、共鸣，等等）。我们生长的环境，塑造我们对世界的思考和感觉，影响到我们在世界中的行为。

只有形成了复杂的感情和概念，我们才能够真正理解世界：我们对他人和世界越开放，他们展示出的真实内在品质越多。越是限制我们的感觉能力，我们与世界和他人的交往难度越大，虽然不是不可能。有个别例外情况，如出生时就有感官缺陷的人，或由于意外事故、疾病等，丧失了某种感觉功能，如果他们努力克服障碍，发展其他的感觉功能作为补偿，他们一样会获得成功。虽然他们有一些缺陷，但是他们并没用对这个世界失去信息，而是坚强努力地活着，他们依然爱着这个世界。就是因为他们爱这个世界，所以他们能理解世界，理解周围的一切信息。

爱的表达方式有很多种：说出来很明了、用行动表达的默默的爱，还有一种没有机会说出来和表现出来的凝聚在心里的爱。要理解世界，就抱着一颗爱世界的心，抱着在自己内心没有表达出来的爱去理解这个世界。

爱的旁边即是幸福

　　美国作家爱默生曾写道："人要是没有热情是干不成大事业的。"大诗人乌尔曼也说过："年年岁岁只在你的额上留下皱纹，但你在生活中如果缺少热情，你的心灵就将布满皱纹了。"

　　人们有了热情，才会表现出对一种事物的爱，有了热情和爱，就会积极而努力地去做某件事，进而获得幸福。一个人如果在生活中非常有热情，就能把额外的工作视作机遇，就能把陌生人变成朋友；热情会让人们获得许多意外的收获。就能真诚地宽容别人；就能爱上自己的工作，无论他是什么头衔，或有多少权力和报酬。人们有了热情，就会充分调动自己的业余时间去做自己喜欢的事，就能充分利用余暇来完成自己的兴趣爱好。如一位领导可成为出色的画家，一个普通职工也可成为一名优秀的手工艺者。有了热情，没有什么你感兴趣或是想做的事做不到，只要全力以赴。

当著名大提琴家卡萨尔斯九十高龄的时候，他还是每天坚持练琴4~5小时，当乐声不断地从他的指间流出时，他已经弯曲的双肩又变得挺直了，他的疲乏的双眼又充满了欢乐精神。

美国堪萨斯州威尔斯维尔的莱顿直至68岁才开始学习绘画。她对绘画表现出极大热情，并在这方面获得了惊人的成就，同时也结束了折磨过她至少有30余年的苦难历程。

人们有了热情，就会辐射出对很多事物的爱，因爱而变得更加积极，也就增大了获得幸福的可能。如果生活中充满了热情，人就会变得心胸宽广、抛弃怨恨。如果一个人拥有热情，就不会抱怨生活的琐事或是命运的不公，而是把更大的精力都投入到自己所喜欢、所热爱的事物中，就会变得轻松愉快，甚至忘记病痛，当然还将消除心灵上的一切皱纹。

每个人的天性中都有一份热情，只是这种热情因受环境、个人修养、性格的不同而有所影响。但是，热情也是可以后天培养的一种心态。如果只要我们懂得热情生活是幸福之源，我们就会学会热情生活。

记得有位哲人说过："永远用热情的宝石般的火焰燃烧，并保持这种高昂的境界，这便是人生的成功。"如果我们可以把自己的全部热情都注入到生活中去，并由此衍生对所有事物的爱，那么生活就如我们曾经有过激情时那般富于灵性，富于色彩会变得丰富多彩而又富有灵性，幸福也会在不经意间眷顾于你。而我们有时候会有所抱怨，会有所不甘的，其实都源于我们的那一份惰性。我们内心还存在着一些消极的情绪——始终在希求着一份施舍，我们没有拿出那么多的热情来对待生活。而只是消极地等待，希望生活赋予我们精彩和满足。尽管人生会有许多艰难困苦和不幸，与其感叹或抱怨，不如拿出你的热情面对生活。只有时时刻刻充满热情，生活才会少几分无奈，你的生命中才会辐射出你对生活、对所有事物的爱，这样才会带来更多的幸福。有付出总有回报，你热情对待生活，生活就会给你带来幸福，让我们真挚、热情地生活，成功和幸福将会伴随我们过一生！

幸福和爱相伴而行

一位心理学家曾做过的一项研究：总在母亲身边玩的小孩要比不在母亲身边玩的小孩更有丰富的创造力。调查研究发现，孩子们在母亲身边的一定范同内，创造力是极其惊人的，这也可以叫作"创造力网"。原因是他们知道那个无条件爱他们的母亲就在身旁，那种来自无条件的爱带来的力量，给我们建造了一个"幸福圈"。

我们每一位教育工作者都要努力创造这样的"幸福圈"。你所创建的"幸福圈"就是你的人生功绩，你一生所创立的"幸福圈"就是你的人生功德，就是你建立的功业。人生在世，建功立业，建什么功，立什么业？归根结底就是通过各种各样的方式努力打造幸福圈，扩大幸福圈。这个幸福圈包括你自己、你的家人、你的好朋友、你的同事，你所能影响到的社会。只有幸福圈越变越大，幸福才有可能更持久、更牢固、更坚实。

　　"幸福是人类的至高财富"，所以我们每个人都应该努力去创造幸福圈，你创造的幸福圈有多大，那么你内心的空间就有多大，同样社会将回报给你足够大的空间。你心里的空间有多大，社会就会回报给你有多大的空间。你给别人带来幸福，人们也将会永远记住你。

　　作为学校的工作人员，你得是留在学生和家长心中的一首颂歌。我们生活在学校这个集体中，要不断地反思，深刻地反思，自觉地把个人幸福与他人幸福连在一起。我们要时时感觉到个人的荣辱、幸福是和集体的声誉血脉相连的，并为这种血脉相连的幸福努力工作、顽强拼搏！我想，这是我们能够做得到的。

　　生活对于每个人来说都是平等的，上天不会偏爱任何一个人。但人世间有的人会感到幸福，而有的人感受不到幸福或幸福感不强，那是因为幸福是一种能力，是感谢生命赐予和现有生活的能力；是感受快乐、抵制不良情绪的能力；是不断反省自己、完善自我的能力；是一种调节身心平衡，调节人与社会平衡的能力。

　　幸福不会从天而降，幸福不可能一蹴而就，更不可能一劳永逸。幸福是态度、是能力、是创造，幸福与相貌、智商、地位、金钱无关。我们应该试图建立幸福圈，去影响别人，给别人带来幸福的同时，也让自己更加的快乐。这就是幸福圈的力量：它可以释放爱的能量。

爱是一种让彼此幸福的责任

　　爱，不仅仅只有浪漫和情欲，爱更是一件庄重而严肃的事，当我们选择它的时候，我们就应该明白，既然选择了爱对方，我们便有让彼此幸福的责任。

　　如果有一个人对着爱人说："对不起，因为我不能让你幸福，所以我们分手吧！"请不要相信他的话，他只不过找了一个冠冕堂皇的理由选择了对责任的逃避。而与此同时他却给了爱人最大的伤害。

　　如果真爱就不应该逃避，即使再艰难，因为相爱为了给对方真正的幸福也应该努力。

　　爱就要努力在一起。如果有一个人总是让爱人担心他的离开而感到恐惧，那他给爱人的就一定不是爱。要离开的人总会离开，再多的担心与付出都将会是无济于事。因为他不懂爱，真正的爱是一种责任，选择了就有责任给彼此幸福。而在这个过程中我们应该学会彼此适应、理解与包容，学会体凉对方的难处与心境。

爱不是可以轻易说出口的台词，在选择之前一定要确定那是不是自己想要的爱情，如果爱了就要对彼此负责，否则一定会让彼此受到伤害。

东俊是个品学兼优的孩子，拥有一个富有幸福的家庭，他在大二的时候爱上了同班同学芸芸。芸芸很小的时候就失去了母亲，一直跟着父亲长大，后来父亲给她娶了个后母，从此她就很少回家了。芸芸是个美丽而沉默的女孩儿，学习非常的用功和努力，成绩永远是班上甚至是学校里面数一数二的，东俊喜欢芸芸的沉静与美丽，更被她在专业上的才华所折服。

两个人大二时终于确立了恋爱关系。毕业后，由于芸芸实在不愿意与继母过多地相处。为了让芸芸能够找到家的依靠与温暖，东俊争得了父母的同意后，终于鼓起了勇气向芸芸求婚了。芸芸幸福地与东俊步入了婚礼殿堂，婚礼结束后两个人便在东俊父母的支持下一同报考了美国的一所大学，通过努力他们双双被录取了。

　　国外的求学生活是艰苦而孤独的，两个人远离父母，只能彼此鼓励和照顾，尽管东俊的家庭还算富有，但是两个人的留学开销还是一笔不小的数字，所以他们也像很多留学生一样，需要一边打工一边上学。几年的留学生活使得他们的感情更加深厚了，东俊与芸芸学的是物理学，而一直以来芸芸的学习成绩都比东俊好，在专业上芸芸一直都是个兢兢业业的学生，芸芸修完了博士课程，很顺利地考上了博士后。而东俊终于坚持读完了博士，他决定回国参加工作。

　　东俊一直都很钦佩芸芸在学习方面的努力，芸芸是一个优秀的女孩，很多时候芸芸的能力甚至都远远超过于东俊，也比东俊更加的勤奋。东俊没有理由让芸芸为了自己放弃学习，因为爱她所以他知道自己应该尊重芸芸的理想与追求。尽管接下来他们要面临的是两地分居的相思之苦，但他们相信这并不算什么，因为彼此相爱，所以更不能让彼此成为束缚对方的绳子，应该让彼此成为对方走向成功与幸福的助推器。

　　东俊回国后，也曾有几个知心的同学提醒他说："芸芸那么优秀，你把她一个人留在国外，可是一件很危险的事情，要是哪一天芸芸耐不住寂寞跟了别人怎么办？"

东俊对此只是一笑了之，他坚信芸芸绝不是那样的人，他信任芸芸正如芸芸信任他一样。他也坚信如果爱对方就应该让彼此都感到幸福，这种状态芸芸并没有让她感到恐慌与危机，他所给予芸芸的也是最大的理解与支持，尽管费用很高但他们两个尽量找机会见面，要么东俊飞美国，要么妻子借回国做课题的机会来见东俊。他们依然很幸福，他们对爱的理解绝不仅仅停留在朝夕缠绵的狭小层面。他们爱对方所以给对方最充分的信任与自由，让对方在爱的鼓励与支持下得到事业上最好的发展。最后，妻子芸芸终于在国外取得了非常高的学术成果，甚至是在国际上影响都很大。芸芸终于回到了祖国也回到了东俊的身边，并顺利地为东俊生下了一个聪明可爱的儿子，而她的事业只要她愿意甚至可以跨过国界的限制。

相信在东俊与芸芸的生活中，一定也会遇到来自社会各方面的诱惑与压力，然而，最后他们都坚守住了一份信任，坚守住了彼此对爱的一份责任，实现了自己人生最完美的追求，爱情事业双丰收。

在我们生活的周围，像东俊与芸芸这样的夫妻有许多，他们为了彼此的理想与追求，选择了暂时的离别。然而，面对内心的寂寞与缤纷的诱惑，并不是所有人都能够坚守住那份美丽的爱情。假如，我们都能够在相爱的时候树立起一份爱的责任，我们就不会因为自己的一时私欲而放弃对方，使对方受到伤害。

现在城市中有越来越多的人开始饲养宠物，为了使这些饲主们能够正确理解饲养宠物的意义与责任，就有这样一则公益广告，其中有几句话大概是这样说的：

在你决定我成为你家庭成员之前请仔细想一想你是否做好了以下的准备：

（1）你有你的朋友、你的娱乐，而你是我的唯一。

（2）如果我犯了错，惹你生了气，请一定不要责骂我，因为之所以我那样，一定是有原因的。

（3）在你打我的时候，请你想一想其实我有足够可以咬断你手指的锋利牙齿，但是我却不会像你打我那样选择伤害你。

（4）虽然为了生活你总是很忙，但还是请你多抽出时间陪陪我，多陪我讲讲话，即使我不能够听懂你的全部语言，但是我听得懂你的声音。

5.在我衰老的时候请一定要照顾好我……

　　这则广告以狗狗的视角讲出了狗狗的心声，提醒人们在饲养宠物的时候一定做好心理准备，明白自己的责任。那么关于我们的爱情与婚姻呢？是不是也应该在选择之前就应该好好想一想，其实爱也是一种责任，无论是对宠物的爱，还是对爱人的爱，选择了就不应该离弃。

　　记得电视剧里面的情侣总是会在教堂里面举行结婚典礼，而典礼上有一个非常重要感人的仪式：新娘与新郎会在神父的引导下，在神的面前宣誓。

　　神父会问新郎说：XX，你愿意娶XX小姐为你的妻子吗？照顾她，爱护她，无论贫穷还是富有，疾病还是健康，相爱相敬，不离不弃，永远在一起？

　　新郎会回答：我愿意娶XX做我的妻子！照顾她，爱护她，无论贫穷还是富有，疾病还是健康，相爱相敬，不离不弃，永不分离。

　　神父也会问新娘说：XX，你愿意嫁给XX先生为你的丈夫吗？尊重他，照顾他，守护他，无论贫穷还是富有，疾病还是健康，相爱相敬，不离不弃，永远在一起？

　　新娘会回答：我愿意嫁给XX做我的丈夫！尊重他，照顾他，守护他，无论贫穷还是富有，疾病还是健康，相爱相敬，不离不弃，永不分离。

然后，新娘与新郎会为彼此戴上象征誓言与爱的戒指，从此他们的人生开始了崭新了旅程。这是多么幸福的时刻，几乎是所有女人与男人都渴望的矢志不渝的爱情。婚礼中的爱人，以这种浪漫的方式，见证着自己对彼此爱的誓言，提醒自己永远守住那份爱的责任与永恒。

不论是生活或是戏剧，爱情以不同的形式被不同的男男女女所演绎着。当人们完成恋爱的跋涉，终于修成正果结为夫妇，有的人总是会在爱情归于平淡的时候，而开始怀疑最初的爱，或许此时曾给予自己无比幸福与甜蜜的爱情，变得令人窒息和无法忍受。有时甚至让你觉得乏味而干涩，似乎爱情在婚姻中已成为了过往，而激情却在别处再一次燃烧了。

此时，你是否会记得曾经相爱时的承诺，想一想你们的婚姻与爱情也是一种责任，在你抱怨对方没有给予你幸福的时候，你是否尽到了给予对方幸福的责任呢？爱是一种责任，而婚姻更是一种责任。如果说爱情是两个人的事，那么婚姻就不只是两个人的事了，婚姻承担了远比爱情更多的责任，包括对彼此的父母家庭，还有属于两个人共同的生活、幸福与孩子。
婚姻使两个完全不同的人生活在一起，组成了一个家庭，也就
让他们拥有了共同的人生，在婚姻生活中幸福或不幸都是两
个人的，不可能其中一个人感到幸福，而另一个人因此而感到
痛苦。所以如果爱就要做好承担一切责任的准备，永远不要离
弃，就像誓言中所说的那样："照顾她，爱护她，无论贫穷还
是富有，疾病还是健康，相爱相敬，不离不弃，永不分离。"

　　真正的爱是一种责任，选择了就有责任给彼此幸福。而在
这个过程中我们应该学会彼此适应、理解与包容，学会体谅对方的
难处与心境。

爱的法则就是快乐地付出

爱是人世间最美妙的感觉，它给了世界温暖，让人在爱中觉醒。世间众人，皆是在爱中启蒙。"我给你们的新命令就是——彼此爱护。"邬斯宾斯基在《第三工具》中说："爱无处不在，它为人们开启通往第四空间——'完美国度'的大门。"真正的爱是无私无畏，是宇宙最强大的力量，它的美妙就在于它的无私，不求回报，是人与人之间最纯洁的感情。不懂得爱的人无论如何也不会找到真爱所在。爱是相互的、无私的，爱是付出。只想享受别人付出的爱而不懂得爱别人的人是不会拥有真爱的。

在情感上，人类自私、专制甚至恐惧，有些人常常怕失去所爱，但却不知道，爱都是自己争取的，爱的法则就是快乐地付出，你付出了爱，也会收获爱。嫉妒是爱最大的敌人，因为它会让一个人思维混乱，做出对爱人移情别恋的事情。如果不消除，这些恐慌可能会成为事实。

真正的爱是无私的付出，这样的爱才是幸福的，因为你不苛求回报，自然不会有烦恼和失望。当你因为想得到什么才去付出爱，这样的爱就无比沉重，如果达不到你想要的标准，便会痛苦不堪。

有人说："你没有敌人，也没有朋友，人人都是你的老师。"因此，我们不应困扰于个人的感情，多体会周围人的幸福生活，潜心学习，我们要用心学习如何去爱，只要掌握了爱的法则——爱就是快乐地付出，我们就会从烦恼中得以解脱，获得幸福与自由。只要学会无私的爱，才能获得真正的爱。成长不一定要受苦，苦难只是违背神圣法则的结果。但是不受苦，人们难以唤醒"沉睡的灵魂"。开心时，人们会变得自私，结果因循环法则自动启动，人们往往因为缺乏感恩而留下许多遗憾。

幸福源自于爱的无私

　　发现每个人都有一套属于自己的"幸福观"，每个人对幸福的理解都有所不同，幸福指数也有高有低，幸福指数的高低让我们得到了对幸福深刻的认识和了解。幸福是有共性的，这共性就源于我们人类无私的爱。

　　好了，让我们共同走进幸福的海洋吧。

　　幸福是一杯透明的水，透明却没有味道。虽然起初味道平淡，但是在你回味幸福的时候它却比蜜还甜，那是因为幸福中饱含着爱，就像是糖，当糖溶入水中的时候幸福就有了甜的味道。然而，这种幸福的味道在生活中常常被人们所忽略，但是一旦你用心品尝幸福这杯水，你就会感受到爱的甜味。

　　幸福来源于爱，爱来源于心里。

　　记得有一次我和朋友出门办事，路上见到了一个很可怜

的乞丐，但是，很少有人会给他钱，每当别人给他钱的时候，他都会看着对方说"谢谢好心人"。朋友手里正好拿着两个大橙子，他看了看乞丐又看看自己手中的橙子，他走到了乞丐面前，把那两个大橙子放到了乞丐手里，乞丐看了看橙子，别说谢了，连头都没有抬起来就把橙子放在身后了，顿时这个朋友人都傻了，他皱着眉头说："可怜之人必有可恨之处……"这一路上他的心情都糟透了，我都快被这些抱怨影响了，我开口问他："你为什么要把自己最喜欢的橙子给乞丐？"

他说："因为我看他很可怜，我是一个有爱心的人，这是从我心里对那个乞丐无私的爱呀。"

我笑了笑说："你根本没有爱，又谈何有爱心呢，因为你给他橙子时你是有目的的，你要用橙子换来谢谢和乞丐对你特别的感激，可一旦没有换回你想要的东西，你就开始抱怨和谩骂，这就是你的爱和爱心吗？"从那天起，我们的感情更好了，沟通更深了，当然快乐和幸福也在他和我的身上又增加了……

爱，可贵在无私和不求回报，幸福不仅仅在你得到爱的时候可以感受到，在你付出爱的时候你更加可以感受到幸福。

一个年幼的孩子得了胃病，吃东西很少，当地人推荐孩子吃米酒，说是可以暖胃。孩子的母亲在街口第一次去买米酒时，一位老阿姨接待了她，她说："要10块钱的，给孩子吃，他们说可以暖胃。"老阿姨爽朗笑着说："吃这个对孩子胃好，买1块钱的就够了，如果吃多了反而会烧胃。"她觉得这样实在的生意人真是难得，便拿着米酒回家去了，孩子果然吃了后很舒服。女人便天天去那里给孩子买米酒吃，孩子的小脸一天天见红了，饭量也好起来。

　　有一天，天气非常寒冷还夹着雪花，孩子的母亲那天正好单位有事下班晚了，往回走时天已经黑了，当她走到街口的时候看见那个老阿姨正在向她招手，她很好奇地问阿姨："这么冷，天又黑了，您还没有回去吗？找我有事吗？"阿姨说："今天我的米酒卖得很快，我怕孩子吃不到，便留了一些，一直在这里等你回来。"她听了感动得热泪盈眶，赶紧掏出5块钱递给老阿姨说："您快回去吧，不用找了。"阿姨找回4元钱，微笑着说："家人都劝我别干了，但是我忙了一辈子，闲不住。何况大家都喜欢吃我做的米酒，我觉得很幸福。"

　　这位阿姨感到幸福是因为她付出了爱，她把对顾客的爱融入到每天做的米酒里，顾客吃到米酒感觉是幸福的，他们脸上绽放的笑容也让阿姨感到幸福。如果一个人将工作作为生命的一部分，在这份工作的付出中也就收获了幸福。给予别人的是一种幸福，看到别人因你的努力而改变，而别人给予你的也是甜甜的幸福。工作着是幸福的，在工作中体验幸福，是自身与他人对幸福的传递。

幸福是一种精神，是一种无私付出的精神。

幸福对于每个人都是公平的，它不会因为贫富贵贱而对待每一个人；不会因为每个人的贫富贵贱而分配不同的幸福。有人说，幸福是一种感觉，快乐也好，悲伤也罢，你能感觉到一切喜怒哀乐就是幸福，因为这是你热爱生活的最好表现。只要内心充满无私的爱，那么幸福就会在你身边。

有一位老婆婆，无子无女，跟老伴儿相依为命，三年前的一次意外车祸让她的老伴儿卧床不起，而她也从此失去了左脚。但老婆婆仍然和从前一样每天都会穿过两条胡同去买菜，回家还要照顾卧床的老伴儿，她现在拄的"拐杖"就是家里的小木凳，每次都将买好的菜拴在木凳的横杆上，然后三步一停地在回家的路上走着。三年来，无论刮风下雨，还是酷热难耐，老婆婆都一如既往，从未间断过一天……

在老伴儿出车祸之前，老婆婆也曾和他十指紧扣、相互搀扶，漫步在大街上。"执子之手，与子偕老"，用到这里最恰当不过了。虽然她再也不能与老伴儿并肩站立，但在老婆婆眼里只要老伴儿还在身边，便有一种极温暖极踏实的感觉在心头涌动，所有灿烂或不灿烂的日子都变得崭新而明媚。当你风烛残年的时候，你躺在摇椅上慢慢回味你所走过的路程，只要自己一直都努力着、付出着、创造着，无论结果是悲伤或是喜悦、成功或是失败，那时，对你来说都是体会着一生的幸福，你脸上可以展现的微笑正在告诉你幸福是一种感觉。正如时问一样，它不会留下痕迹，只是在你的心里写下了一道道亮丽的风景，是对我们心灵的一种感悟。

第五章

付出也是一种幸福

送人玫瑰，手有余香

　　什么是幸福？幸福就是送人玫瑰，手有余香。这是一条让人间充满爱和希望的路，是我们应该执着追求，坚持走下去的一条路，我们会在坚持中感受着人生的快乐和幸福！

　　我们在生活中，总会遇到这样的好人，他们给别人以真诚的帮助和扶持，而自己也从中得到慰藉，心中充满快乐和阳光。我想，这样的人是幸福的，于人于己，他们这样做都是值得的。

　　我曾在公交车上见过这样一幕。一位中年男人上车后翻遍口袋也没有找到零钱，司机用非常恶劣的态度督促他："没钱就下车！早干吗去了！"这已经是晚上八九点钟，公交车也是等了好久才来了一趟，下车就不一定能再等上公交了。中年男人尴尬地说："现在确实找不出来了，要不到站了我再拿给你。"司机依旧不依不饶地说着难听的话，车上的乘客虽然有些看不惯，却不好说什么。这时，一位老太太从口袋里拿出1元钱给了中年男人，说："先投进去吧。"中年男人有些不好意思，推让几番，拗不过老人，就接过去投了进去，这下，司机停止了抱怨，车上人赞许的目光都投在老太太身上，老太太依然保持着和善的笑容。只是1元钱，说实话，我们谁都不会说特别在乎那1块钱，但愿意在别人困难之时拿出1块钱的又有多少呢？1块钱，平息了司机的愤怒、中年男人的尴尬，而且老太太心中更是幸福的，因为她觉得她花这1块钱是值得的，帮助了别人，内心也会无比快乐。

我们是否想过，我们很少感到幸福，是不是因为自己太过吝啬？有时只是举手之劳便可救别人于危难，我们或许怀着多一事不如少一事的态度不肯出手帮忙，却也因此错失了得到幸福的机会。帮助别人的时候，自己内心不但会得到满足，或许也正是在为自己以后埋藏一个种子，总有一天，你会尝到丰收的硕果。幸福并非那么遥不可及，是我们每个人只要迈出小小的一步就能得到的东西。

送人玫瑰，手有余香。需要我们在生活中用心体验这句话的深刻与博大的意蕴。

　　善待生活就是善待生命，善待别人就是善待自己。当我们在生活中播撒爱心，也会使温暖与感动长存心间。如果每个人都能心怀善良、心怀感激，都能无私地帮助别人，那么阳光将洒满内心，幸福也会随之降临。

　　俗话说："花无百日红，人无千日好。"生活是现实的，我们自己也总有遇到困难需要帮助的时候，你曾不计回报地帮助过别人，别人也会在你危难之时伸出援手。幸福不仅仅是索取，幸福是相互的，你给了别人幸福，自己也会感到幸福。我们要收获幸福，就要有赠人玫瑰的大方，付出的过程也是收获的过程。

给予比接受更快乐

　　助人为乐是一种高尚的品质，因为这种行动是无私的、不求回报的，乐于助人的人是幸福的，因为他们的行动让别人感到了温暖、幸福，自己也会从中得到满足。如果你想要成为一个亲切又有爱心的人，那么就要付之于行动。你可能会问，我能为别人做什么呀。其实，当我们花点儿时间问自己这个问题的时候，你就会发现，能够帮助别人的方法有无数种，只要你的行为是发自内心的就足够了。

　　生活中，每天都会有人遇上困难，这些人是需要我们伸手去帮助的，有些人会不理不睬，不想招惹麻烦，而有些人则会很热心地帮助他们。有很多小事人们不足为道所以不去做，但是我们是否想过，其实有些在我们看来很小的事，或许在别人眼中就是帮了他们一个大忙，也许在我们看来是很小的事情，但如果在此时帮一把手，也许对于别人来说可以称得上是解决了燃眉之急。

中国有句古话："勿以恶小而为之，勿以善小而不为。"助人要从日常小事做起，不因善小而不为。有些只是举手之劳，但对别人来讲却是意义非凡。比如，公交车上主动让座位给老、弱、病、残；再如，看见别人有什么困难的时候问一声、帮把手；下雪天把门口的雪扫干净，免得老人和小孩子滑倒；帮别人扶起倒地的车子，这些都是很容易做到的。

在物欲横流的当今社会，雷锋精神还可贵吗？回答当然是肯定的，雷锋助人为乐的精神鼓舞着几代人，在当下的社会，这种精神更加可贵。这是让整个中国感动的精神。从小我们就知道助人为乐是高尚的品德，是我们中华民族五千年的传统美德，所以不要让这些好的习惯失传，只有付之于行动才是真正使之升华的途径，更是使我们继续发扬礼仪之邦的载体。尤其对孩子，要从小教育他们助人为乐，这样才不会变得自私，不要让若干年后的孩子们只能在课本上看到助人为乐而现实生活中却感受不到、不知其意，这是最尴尬的事情，也是我们最希望看到的情形。

不知道你是否记得2005年"感动中国"的获奖者从飞的

事迹？他支援了贵州很多的贫困学生直到读完大学，到他去世前还支援着很多贫困的小学生。他自己并不富裕，为了帮助别人，他最后不惜卖掉家里唯一值钱的沙发，借钱来帮助需要帮助的人们，甚至自己欠下十多万的债务。面对亲人的不理解、朋友的反对、世俗的讥讽，他仍然以一颗超乎常人的心积极面对一切，即便在医院，他也同样在感化着周围的一切，让大家快乐。

助人为乐也是有利益的，当然不是物质上的利益，而是会带来精神上的利益，是一种高尚的利益，是无法用金钱衡量的。助人为乐是人道主义的实现，是奉献社会的满足，现代人更要强调助人自助、赠人玫瑰、手有余香的理念。

经常助人为乐的人，内心肯定是充满阳光的、是快乐的。因为在帮助别人的过程中，你是用心在付出，这比总是索取的人生活得更加舒畅，更加充满乐趣。

拉布吕耶尔曾经说过，"最好的满足就是给别人以满足"。当把助人为乐看作是一种和穿衣、吃饭一样，已经变成所有人生活中的一种习惯时，世界也会更加美好，不会只是充满了金钱、名利的争斗，我们的社会就会变成世人所向往的大同世界。

　　在工作中，应该树立正确的幸福观，把为他人谋福利当作自己的义务和幸福；其次，要树立正确的处事观，遇事要设身处地地为他人着想；再次，要树立正确的知行观，在工作中去锻炼、去实践，在千百次的实践中去铸造自己良好的道德品质，为周围的群众做一个好的榜样。做一个闪光点，把乐于助人当作一种习惯，把我们生活的世界建设得更加美丽当作自己的责任！

　　其实，付出就是一种回报。的确，当我们付出的时候，我们就会得到相应的回报，两者是成正比的。当我们帮助别人，并看到他人因此感到快乐、获得幸福的时候，在我们的内心，就会油然而生一种意想不到的感受，那种感觉就叫幸福。

轻贱幸福者必痛失幸福

幸福来之不易，所以要珍惜。其实我们自己的幸福是这样，他人的幸福也是这样，所以有一种幸福是用心去呵护他人的幸福，而不是践踏他人的幸福，破坏别人的幸福往往是在减损自己的幸福。

其实，那些践踏他人幸福的人都没有得到善终。嘲笑他人的人同样会受到别人的蔑视，而破坏他人家庭的人则受尽世人唾骂，终日良心不安，毁坏他人事业的人则受到法律的制裁。

总之，破坏他人幸福的人只能遥望幸福。

有些时候，我们刻意追求所谓的幸福，而忽略了别人，甚至不顾惜别人。不少封建统治者往往为满足自己的穷奢极欲，大兴土木，刮尽民脂民膏，丝毫不顾惜百姓的死活。我们要明白，不是只有自己的努力才值得被尊重，不是只有自己的幸福才值得珍惜，任何用辛劳的付出换来的东西都是值得呵护的，我们没有权利去破坏。然而，在我们的现实生活中，这样破坏别人幸福的事情，也是数不胜数。

呵护别人幸福的人会与幸福相拥。践踏别人幸福的人自己的幸福也会缩水。帮助别人、呵护他人的幸福，往往会给自己带来快乐。曾经读过这样两个小故事，被深深地感动了：妈妈将打碎的玻璃碎片用纸盒严严实实地包好，并写上"内有玻璃，小心划伤"的字样。

孩子问妈妈为什么不直接将碎片扫进垃圾桶时。妈妈说："如今外面常有拾荒的老人，如果他们在翻垃圾时，被玻璃划伤了手，那多难受啊！这大冬天的，他们也挺不容易的，我们要尽量善待他人。虽然他们划破了手不是我们的错，但是我们要尽量考虑到他们不被划到手。"妈妈说这话时脸上的欣慰，让孩子嗅到了幸福的味道。

一个有着5个孩子的穷苦父亲终于攒够了钱要带他的孩子们去电影院看电影，因为孩子们都已渴望已久，所以不禁欢呼雀跃起来，可是在买票时，发现电影票涨价了，他手中的钱不够，还差20法郎。当父亲尴尬、失望、羞愧、尴尬，甚至痛

心地回过头，准备对兴奋的孩子们说"我们看不成电影"时，
后面一位先生突然说："先生，这20法郎是您掉的吧，我帮您
捡起来了。"那位父亲顿时明白过来了，充满感激地看了他一
眼，随后带着孩子们进了电影院。但是，另一位并不富裕的父
亲则带着自己的孩子笑着默默地离开了电影院。

最后，虽然他们自己并没有看成电影，但他们因为尽自己的
努力帮助了别人，心里却有一部关于幸福的电影在播放，并且他
们是主角，因为他们以自己的绵薄之力给他人带来了欢乐。

送人玫瑰，手有余香。呵护别人的幸福是一种美德，是
一种由心底发出的对他人的关怀与爱。它不需要我们特意去做
什么，只要我们面对他人的缺陷不嘲笑，他人的私事不乱传滥
议，面对他人的困顿，不吝啬伸出我们的援手，仅此而已。那
是一种由心底发出的对他人的关怀与爱。

懂得呵护他人幸福的人，一定会懂得如何珍惜自己的幸
福。而呵护他人幸福的同时，也给我们自己带来了幸福。

播幸福的种子入别人心田

　　一个健康的人和团队需要的是什么力量呢？人不是单独生存在这个社会上的，人与人之间有着千丝万缕的联系。人要想生活得幸福，就必须与别人好好地相处。情感上的交流是人与人之间产生联系的关键。世上有很多东西，给予他人时，往往是越分越少，而有一样东西，却是越分越多。你也许会惊奇地问："那是什么呢？"答案只有一个："那就是爱！"

　　爱，不是索取，不是等价交换，而是付出，是给予，是自我牺牲。宁静的力量、正义的力量、团结的力量、追求真理的力量、爱的力量、科学的力量、仁慈语言的力量……这些力量本身就可以使自己充实。只有自己充实了才能做好自己的事，而这些力量也会帮助人们做成事。

　　记得去年有一次，我与同事去参加一个会议。在这次会议

上，对方突然恶语伤人，暴跳如雷，甚至对我的同事进行人身
攻击，而我的同事只是安静地坐着，没有以牙还牙地谩骂，也
没有离开自己的座位，只是在那里有礼貌地坐着。等到对方发
泄结束后，有一阵让对方尴尬的空白，大约只有三五分钟，但
当时的感觉好像是过了三五个小时。从对方的眼神、表情中我
们看到了他内心的羞愧和不好意思，之后工作和会议又继续进
行着。出了会议室，我对同事说："你做得很好，因为你从心
底相信正义的力量、仁慈语言的力量胜过恐吓和谩骂的力量。
这不是软弱的表现，正是你强大、有力量的表现。"事实上也
是如此。

　　的确，爱的力量一定会战胜枪炮的力量，战胜许许多多的
困难；诚实品德的力量一定会战胜欺骗的力量，幸福的力量也
会帮助我们战胜很多。科学和对真理追求的力量也一定会战胜
迷信的力量。在我们的生活中，要时时刻刻提醒自己，用正义
的力量去战胜邪恶的力量，也只有用正义的力量才能最终战胜
邪恶的力量，为什么呢？这背后一定有一个奥秘，总是让那些
无耻之徒陷入自己给自己设计的桎梏中。那些心灵纯洁、行为
端正的人总是能得到大家的帮助，走进快乐和自由的王国。这

也正应了孔子说过的那句话："君子坦荡荡，小人常戚戚。"

　　说到力量，很多人或许就会想起许三多——许三多是电视连续剧《士兵突击》里面的男一号，他心地单纯、做事老实，按照通常的观点看，几乎是一个完全没有力量的人。电视剧热播后，许三多这个角色成为社会上的热门人物。《新周刊》为此做了一个专题，叫作《钝感的力量》。这个"钝感的力量"，其实是对社会大多数人的拼命竞争、聪明劲十足、急功近利的一种反驳，宣扬的就是傻人有傻福。

　　许三多的人品很好，他行为简单、善良、诚实，还有平时做事认真踏实，在别人看来他总是看起来很傻，其实就是没有什么"自我"。很多人都以"自我"为中心，总是恨不得比别人更聪明。而他所表现出来的"傻"，反倒让人觉得特别可爱。这样的可爱，会给人带来一种快乐，一种亲近的感觉。这样的人会把幸福的种子播撒在他人的心田。如果按照通常的观点看，几乎是一个完全没有力量的人，但是，许三多却给人一种很大的力量。

　　在人人都以自我为中心、以复杂化思维方式作为聪明表现的时代，他的"傻乎乎"反倒变成了"可爱"。当人们认为你可爱的时候，你就有福了，因为你有一粒幸福的种子播种在他人的心田了。

　　觉得傻乎乎的人可爱，似乎在全世界都是共通的，人们都会觉得傻乎乎的人是可爱的，是招人喜欢的。中国有许三多，美国有阿甘，都是这样的典型代表。也许有人会说许三多、阿甘天生就傻，这是上天赐予他们的，这种傻是不可复制的，他们的可爱是学不来的。一个聪明人无论如何也做不到那样的"傻"。已经聪明了，傻不了。即使傻，也只能装傻，而装傻是一种虚伪，是一种有心计的表现。我不提倡装傻，但我认为正常情况下，其实这种傻并不是一种真的傻，只是对某些事情的刺激反应可以稍微慢一点儿、"迟钝"一点儿。有时候聪明往往是不成熟的表现，急忙去表现自己，你要明白，如果什么事情都一触即发地反应过来，那么就容易犯错。有些人没等别人的话说完就抢话了，这最容易造成误解，或者触怒对方。有些人自认为聪明，总是在别人都没反应过来的时候，就已经先人一步做某事了，其实，这往往是愚钝的表现，有些事可能刚出现时并不成熟，要有一个不断发展的过程，如果抢得太快，或许就充满了麻木。你看有些人，瞪着眼睛看你说话，你以为他听进去了，他没有，他在找你说话的间歇来插言、来抢活儿。有些人，在别人盲目行动的时候，并不是反应迟钝，而是在思考一种时机，一种制胜的办法。

　　他是一个全神贯注寻找发言机会的人，就像一个蹲在路边虎视眈眈地准备拦路抢劫的强盗一样。

　　傻的人往往会自我收敛一些，反应就会慢一点儿。关键是这种人具有一种大智若愚的潜质，在别人看来，他们很傻，其实却是最幸福的，他们用自己的纯真、善良，将幸福的种子播撒在他人心间，让人们去相信这个世界的单纯和幸福。更重要的是要大家相信他人是善良的。因为人人都在追求幸福和快乐，遵循着建设生活的良好动机。

　　"傻"的人虽然没有"聪明劲"，也是没有多少"自我表现"的强烈愿望，他们在默默的行事中体会快乐与幸福，而且会得到人们从心底的佩服和喜爱。他们是王小波所说的"沉默的大多数"，有特指这些人的话语权被剥夺的意思，但却不是被剥夺话语权的人，只是我很喜欢这个词组透露出来的另外的意味——那就是他们在沉默中做事，在沉默中隐秘、务实的人生，真正构成了这个社会最安定坚实的基础，是这个浮躁的社会中幸福的播种者。

成就他人，我亦有得

　　"成人之美"就是成全他人的好事，这种成全包含了想方设法帮助他人实现美好的愿望，甚至是有一种"杀身成仁"的牺牲精神。

　　"成人之美"不但是一种修养，更是一项美德。世上有一种办法可以影响别人，那就是想到别人的需要，然后热情地帮助别人，满足他们的需要。

　　在日常工作中，同事之间免不了互相帮忙。平常我们总说乐于助人，其实在办公室这个没有硝烟的战场上，我们同样可以既帮助别人又帮自己。

　　假如一个同事请你提意见，诸如"你认为我的工作态度不对吗""是不是我不该以那种方式处理同老王的矛盾"……这些问题当然都不易处理，却也给了你一个帮助对方进步和表现气度的机会。最愚蠢的回答就是直接答"是"或"不是"，你的回答应有一些建设性，也就是说你应该提出一个可行的办法。因为要是你的答案不能令对方畅快，他肯定不会接受你的意见，甚至认为你是敷衍他，白白辜负了他对你的信任。

当同事或周围的朋友遇到困难的时候，要表示你的关心，必须是诚挚的。这不仅使被关心的人心中感到付出关心的人和接受关心的人都会充满成就感，而且当事人双方都会从中受益。当你尽自己所能成人之美时，你在帮助别人的同时也是在帮助自己。因为在这个社会里，当接受你帮助的人对你十分感激时，你就会感受到一种温情，这种温情让你感觉更舒服。因为别人的幸福而使自己感到幸福，那种因为使别人幸福而令自身欣喜的感觉，这就是幸福的感觉。

拿破仑·希尔曾写道："为你自己找到幸福的最有保障的方法就是奉献你的精力，努力使其他人获得快乐。幸福是捉摸不定、透明的事物。如果你决心去追寻幸福，你将会发现它难以捉摸；如果你把幸福带给其他人，那么幸福自然就会来到。"

成人之美不只是在帮助别人，也是在提高自己的道德修养，还成就了自己的德行。当我们懂得以一个配角的身份去欣赏别人时，也是在慢慢地铲除内心的嫉妒。也就是把我们内心一个很不好的习气，一点儿一点儿地铲除。有些人嫉妒心太重，见不得别人好，别人比自己好心里就不舒服。这种人就不懂得成人之美。这个嫉妒是很复杂的，嫉妒当中可能还含有我们的傲慢，所谓"文人相轻"。学问越来越宽大，心量应该是越来越宽广，绝对不是越来越自以为是。我们应该学会用宽大的胸怀去包容一切，不要在乎一时的得失，该成人之美时就成人之美。所以，当我们处处与人为善，就是在成就！学问，就是让自己的心也越来越宽。所谓"量大福就大"，你的福有多大是由你的心量来决定的。

　　所以，一看到别人有小善，我们竭尽全力去帮忙、去成就，成人之美是一种幸福，也许你只是退让了一小步，却迎来了很多人的尊重，你也因自己的善行而广结善缘，可以享受属于自己的幸福。

幸福在付出不在索取

付出是一种超脱的心境，是一种温暖的行为，是一种对生活的态度。正是这种对人生的态度，决定了你一生是否幸福。付出的种类有很多，方式也各不相同。在大多数情况下，我们只是在为自己而付出。付出我们的努力，去换取我们所应得的回报，但在生活中我们也常常需要另外一种付出——为别人付出。这种付出可能得不到等值的回报，但却在付出的同时，获得自己所需的财富和精神上的满足。

星云大师造诣深厚，每天都有不少人慕名前来拜访。一天，一位有钱人找到星云大师，希望星云大师能够为他指点迷津。他抱怨道："我出身富庶，父母留给我的钱几辈子也花不完，为什么我感觉不到丝毫的幸福？"

星云大师问："你的钱都用在哪里了？"

富人说："投资，扩大我的事业。"

星云大师继续问道："仅仅是这样吗？"

富人点了点头说："是的。"

星云大师微笑着点点头，给富人讲了一个故事：有两个准备转世投胎的人被召集到智者面前，智者说："你们当中有一个人是要做一个索取的人，而另一个人是做一个给予的人，你们愿意如何选择？"第一个人想，索取可以坐享其成，非常舒服。于是，他抢着说要过索取的人生；另一个人也没有别的选择，于是只好做一个给予的人。智者满足了两人的选择。结果，第一个来生做了一个乞丐，整天索取，接受别人的施舍；第二个人则成了大富翁，布施行善，给予他人。

第一个人常常因为索取时遭到拒绝困惑，每一次在乞讨时总是面临着难以言状的压力；第二个人则在布施行善时，感觉无比的幸福。

这个故事教导我们要做一个给予的人。懂得给予，就受到人们的感激和热爱；而贪求索取，就会失去世间的温情，与幸福擦肩而过。给予的越多，收获的也越多；索取的越多，收获的就越少。没有付出的人生是不完整的人生，幸福也没有办法眷顾那些不懂得爱、不懂得付出的人。

　　的确，懂得付出的人，会感受到不计回报的满足，会在他人的感激中让快乐升华为幸福，升华为自己内心的幸福。即使你拥有了金钱、爱情、荣誉、成功和刺激，也许你还不会有幸福。幸福是人生的至高追求，也是内心的独特感受，只有给予和付出，你才能实现这一追求，才会使幸福来得更快。

　　真正理解生活的人会懂得付出比索取更有意义，因为生活就是这样，当你付出的时候，你的人生也会因付出而快乐。懂得付出的人都是幸福的，因为其中有一种无私的东西叫作爱；只懂得索取的往往是不幸的，因为他的索取只是一个人的杂耍，幸福不会眷顾自私的人。

　　付出的同时，幸福也得到了延长和增值。

第六章

幸福，用心去感受

爱惜眼前，接近幸福

"熟视无睹"是使用频率较高的一个成语，意思就是看习惯了就像没看见一样。在生活节奏加快和生活压力加大的今天，人们往往是来去匆匆，很少顾及眼前的景色，常常忽略身边的人和事，很难察觉门前小店已经三易其主；很难记起卖早点的一对夫妇已经好几天没有开业……这或许就是熟视无睹的真实写照。实际上只是你没有带着发现的眼睛去观察。

因为熟悉而厌倦，因为厌倦而离开的结局，这实在可笑。熟悉的地方难道就真的没有了风景吗？因为熟悉，而变得麻木不仁，而感觉生命的平淡安逸。风景，人们往往只是客观地强调一些美丽的景色，但是却有人认为这是一个陌生的地方，一个从来没有看过的景色才能称之为风景，其实，人们的这些认识太过于肤浅。每天迎面而来的俊男靓女不是风景？高亢的梆子戏和演唱者不是风景？我们每天经过的街道、河流不是风景？殊不知，最熟悉的地方也有着十分美丽的风景。实际上，每个地方都有变幻的风景。重要的是重新换个轻松的心态、悠闲的心情去体会你早已习惯的风景时，便可以惊奇地发现，身边的一草一木皆有新鲜的故事，路人的一颦一笑蕴含着暖意。人生苦短，把"熟悉"用时间来衡量其标准，不要因为熟悉就变得麻木，善于在你熟悉的景色中寻找美丽，它也许比你去的下一个风景更加美丽动人。

朔风劲吹。一切的生命，都被寒风煞得失去了应有的光泽，显得苍茫和凋零。但在冰封的塘边，一抹绿色悄然争春，不愿在寒风中蒙上冬色，依然倔强地昂首挺胸，就连台阶上的衰败了的菊花，蔫巴的花朵也不甘低下头，正所谓：菊残犹有傲霜枝！路边静静安睡了的枝条，抚弄着绿地里的提示牌：脚下绿草茵茵，怎能任意踩踏。还有那些觅食的野鸟，啁啾出一派冬日的明媚。

试想一下，有这样一条路、一条街，我们无法去计算走过了多少次，有时是背手缓慢而行，有时是步履匆匆而过，老房子一处一处在灰尘飞扬中倒了下去，悠然之间不远处在建的楼房又增加了几层。熟悉的桥下的沿河水在冬日的寒风中变得清秀，当看到寒风中摇曳的垂柳，猛然想起一句诗："不知细叶谁裁出，二月春风似剪刀。"诗人把春风比喻成剪刀，确实极形象。虽然和春风的温柔与体贴离得太远，但也不乏寒风吹落残叶利落。实际这还不如寒风来得犀利，透明的朔风正似一把无形剪刀，"咔嚓"一下，染上秋色的叶子纷纷坠地，随风裹起，遍地萧瑟。

不远处，临阶而设的路边小摊，也见一对老夫妻，大叔弯着腰，认认真真地在挑选着什么。原来他拿起一个护耳套，先挑了一个绿色的，继而再换一个红色的，亲昵地套在老伴的头上，爽朗刚性的笑声里，多了许多温柔，惹人喜欢。远远望着他们消失的蹒跚身影，那艳红的护耳套却还在清晰地闪动着。

眼前这块土地却是我们生于斯长于斯的美丽小城。但最熟悉、最让我们难忘的风景是迅速崛起的片片新区，是如诗如画的景区，是笔直的路，缓缓东流入湖的沿河，是宽畅的桥。晚上你可凝视飞溅的焊花，白天你尽可极目远望那转动的塔吊，虽然我们没有"一折青山一扇屏，一湾碧水一条琴"的胜景，但眼前却有"一片风景一缕情，一塘冬色一晶莹"的景致，原来我们一直没发现，在身边还存在着这么美丽又熟悉的风景。

这一切，的确是很惊讶。

仰起头，放慢前进的脚步，眼神四顾，用心去观察身边的每一件事物，每一个人，相信你与我一样，一定会有意想不到的发现，因为，熟悉的地方也有"风景"。我们一直说，生活中不缺少美，缺少的是发现美的眼睛。

在最熟悉的地方也有风景，只是你习惯了周围的一切，不会从周围发现美，更不会从那种熟悉的美中发现幸福。转身看一看，周围全是醉人的美景，全是心动的时刻。要拥有一双发现美的眼睛，拥有一颗体会幸福的心。

感到幸福就把握幸福

人的这一生，对于追寻幸福始终是无法释怀的，每个人都渴望着幸福。幸福涵盖的内容多种多样，既有精神，又有物质。但是，在很多时候，幸福很单纯，一杯茶一碗饭就已足够。幸福不是既定的，有不同的人就会对幸福有不同的理解。

生活，是多姿多彩的。除了日常的工作、学习之外，还有很多美好的事物值得我们去经历。

旅行、美食、爱情、家庭，包括工作和学习，这都可以成为幸福的享受。在这个世界上，幸福就像花儿一样，每朵花都会绽放，都会凋零，人不可能一直处在幸福之中，但是，在这一生中，你总会体验到一些幸福的感觉。

幸福其实是时时刻刻都在，就像空气中的水分子。只要我们懂得收集，慢慢地我们就能装满一篮子了。世上总有人在抱怨，抱怨生活不够幸福，缺少这个，没有那个，总觉得自己处在缺米少盐的尴尬中。要知道，一个人无论多么不幸，身边都会有幸福和快乐，无论其他人投来了多少羡慕的目光，还是浑然不觉，这些人为什么渴望幸福，却又对幸福视而不见呢？是因为不懂得发现和珍惜。如果有一天幸福离开了，我们不能再拥有它时，我们才会发现它的存在和珍贵。可那时候，幸福已经离我们远去了，无法挽回。我们应该趁着幸福还没有溜走，好好地把握它，好好地去珍惜！对于未来的幸福，我们可以去争取，但不用奢求。

有人把生活比作一串长长的珍珠项链，经历的每一个瞬间都是一颗宝贵的珍珠。生活把这些瞬间都组合起来，就变成了项链。有多少欲望就有多少追逐，每个人都希望自己是最佳主角。但是当你根本无法实现的时候才会发现，原来在身边的幸福才是最大的幸福。

那些在感叹不幸的人们啊，幸福是一瞬间，但是它随时都有可能出现。请用心去感受身边的事物，用心去看那一点一滴，你就会发现，其实你很幸福。因为未来，并不一定会比眼前的幸福更美丽。既然眼前的幸福如此美丽，又为什么要苦苦地寻找另一些幸福呢？

　　无论是谁，都要懂得感受和珍惜身边所有关心你的人，无论是亲密无间的，还是萍水相逢的；无论是爱你的，还是你爱的。请停一下你匆匆向前寻找幸福的脚步，去看看周围，做一个能够慧眼识幸福的人吧！这世上，唯有知福的人才能最接近幸福，也唯有惜福的人才能永远和幸福相伴。

活着就是一种幸福

　　有人觉得家庭和睦是幸福，有人觉得享受生活是幸福，有人认为探索求知才是幸福，也有人以追求金钱而幸福，而那些深刻体会过苦难的人才会懂得："好好活着，就是一种幸福。"

　　作为一个人，就算你拥有了财富、幸福，如果不能拥有生命，一切就化为了空谈。有多少活生生的例子告诉我们要懂得珍惜、懂得现在拥有的一切？有的人为了追求名利与财富，可能奋斗了一辈子才能实现愿望，但是当他死了，他所拼命奋斗得到的东西有几样是能带走的呢？无论是谁，都是两手空空而来，也必将两手空空而去。

　　什么是幸福？没有一人能给出一个准确的含义，也没有通用的标准，更没有公认的准则。拥有美满的家庭是一种幸福，拥有大量的金钱是一种幸福，也可以说结交更多的朋友也是一种幸福。幸福是人生中的一个面，没有十全十美的尽头，人都不可能拥有想要的所有，而幸福更是这样。你扪心自问，什么是幸福？

好好活着，健康地活着。生命，就是上帝给你的一笔最宝贵的财富，只要活着，就是幸福。不能活着，他所拥有的都将不再存在，不能与人分享，不能自己占有，还有什么意义？希望朋友们都能珍惜每一天、每一秒，让自己的每个举动都有意义。好好活着就是幸福。

当你看到小树苗长成了参天大树，当你看到雄鹰翱翔天际，当你看到猎豹奔驰在属于自己的丛林，你可曾想过，生命究竟是什么？

生命就是通过自己的力量造就属于你自己的一片天地，实现自己的生命价值。生命就是通过自己的努力和奋斗让自己更美丽。也许生命就是这样，阳光总在风雨后，不经历风吹雨打如何能看见彩虹？也许正是因为这样，理解了生命才会真正地读懂幸福。也许生命就是这样，用自己的努力让人生变得更美好、更幸福！

生命就像是河底五彩斑斓的石头，尽管石头在河底，但经过阳光的照耀就会变得如宝石般耀眼，生命就是这样，注定要经历人生的酸甜苦辣才会获得幸福的眷顾。

"生命的目的是什么？"也许不经历一遭谁也无法真正说出这个答案。而且，也许再也没有比这一问题更难做出明快和根本性的回答了。不过，从根本上说，可以说它的目的在于幸福，生命与幸福息息相关。

有些人一生都在追求幸福，但不幸的是，他都把幸福给抽象化了，觉得幸福是那样难求。曾在一本书上看到，要了解幸福是什么，其实得先了解生命的意义以及组成结构，刚看觉得很枯燥乏味，看不下去，但是坚持看下去还是有意思。讲到幸福它确实依附生命的存在，若未能感受生命的存在，幸福当然不会存在。

生命的幸福原来不在于你所处的环境、你拥有的地位、你所能享受的物质，而在于你的心灵如何与生活对应。因此，幸福不是由外在事物决定的，贫困者有贫困者的幸福，富有者有其幸福，拥有权力地位的人有自己的幸福，身份卑微者也有属于自己的幸福。在生命里，人人都是有欢笑、有泪水；在生活中，人人都有幸福、有忧愁，这是人间世界真实的反应。

在如今这个年代，大家都生活在科技发达的文明社会，为什么还会有那么多的恐惧、不安与痛苦呢？那是因为我们都无法控制生命的节奏。人首先要生存在这个世界，才会有幸福，没有生命的存在，更无法谈及幸福。幸福不在体外，而在我们每个人的生命里，不管什么样的人其实都会有属于自己的幸福，因为那是他的生命因素，幸福不是别人给的，而是要自己好好把握，让他在你的人生中显现出来，那才是主要的。

幸福的本质在于读懂生命的意义，珍惜生命，才能获得幸福。生命给我带来生活中的各种希望，理解了生命存在的意义，也就理解了幸福。生命的存在是为了获得幸福，幸福的获得是为了修饰生命，二者相伴相生。幸福是真正的生命之路，不要依托于物质领域，活出自主的人生观，才是真正读懂了生命，读懂了幸福。

幸福就是能善始善终

　　善始善终，在字典中的解释是：做事情有好的开头，也有好的结尾。形容办事认真。中国人以究善始善终作为评价事物的一个标准，很多时候追求以此来作为最大的愿望。但对于人生来说，这其实是一种常常被忽略的大幸福。人活一世，所追求的是什么？名利？金钱？没错，但追求这些的最终目的，是为了让生活过得好一点儿，在日后的生活中舒舒服服、风风光光。没有人希望自己最终一文不名，都希望在人生必须画上句号的时候，能够画上一个完美的句号。所以，人所追求的一切都是为了能有个好结果。所谓的"好结果"就是善终。小到对财富，大到对生命，就是如此。世事如白云苍狗，变幻莫测。贵极而贱，盛极又衰。荣、宁二府金马玉堂，最后也只落了个"白茫茫大地真干净"的下场；和珅生时权倾朝野、富甲天下，可到头来结果也就是一绳索命望乡台。

　　人们常说："善有善报，恶有恶报，不是不报，时候未到。"所以由此可见，在大部分人的眼中，活在这个世界上是一定会有因果报应的，若要想得到善始善终的人生，不是那么简单的。凡人一旦做了亏心事，无论今天地位是否显赫，还是事实有没有被遮掩，总有一天会得到报应的。

　　中国历代各个皇帝有几个是正常死亡的？他们拥有巨大的财富、权力、美色，可是看起来并不幸福，最重要的是，连最简单的善始善终都无法保证。你愿意去过这样的生活吗？世上最显赫的，莫过于帝王，但翻开历史仔细看看，即便如一代天骄成吉思汗那样的伟人，死后占地也不过六尺，一人尸骨如何占得万里江山。

　　人之初，性本善。生命以一个"善"字为开端，也需要有一个"善"字做结局，所谓好来好去，善始善终。这样的人生才是幸福的。

大幕落下，以幸福收场

　　有人在物质上富足，那并不幸福；有人觉得别人总是比自己幸福，有人身在福中不知福，还在苦苦寻找……不同的人总是对幸福有不同的理解，从而产生不同的答案，但是不管幸福是哪一种，都不要等生命到了人生尽头、将要谢幕时才口中喃喃，家人凑近，仔细聆听，你却自语：什么是幸福……

　　生命是一条单行道，你永远不会再次走过相同的风景，那么，你只能在有限的生命中好好地体味幸福，才能在生命中收获完整的幸福。幸福是一个谜，一千个人心中就会有一千种答案。真正的幸福是无法用语言描述的，但只能体会，真正的幸福是一种内心的喜悦和满足的状态，需要用心去发现和体会。幸福就是不管外面的风浪有多大，每次回到家，家里都有一碗热气腾腾的饭在等着你，幸福就是能和相爱的人相伴到老……

幸福其实很简单，没有理由的，就是很幸福！幸福需要用自己的生命展示美丽，在整个生命的过程中好好地体味幸福。

人，总是被这样那样的欲望包围，总是无法得到满足，总是在吸进一些自己渴望的东两，却永远也填充不满。但是，生命是有限的，我们不能贪婪地希望它可以无限延伸，而我们，永远不会到达生命的尽头。与其总是贪心地想延长生命的长度，倒不如给予生命美好意义的宽度，这样的生命，总是无法散发出它应有的光辉。幸福便是增添生命光辉的一抹彩虹，人们没有感受到生命的美好，是因为还没有感受到足够的幸福，那么，这样的自己怎么会懂得享受生命的乐趣和珍惜幸福的满足呢？生命有限，一定要及时去享受旅途中的幸谓。

当自己的青春年华已然慢慢逝去，当生活中的各种烦恼不断向我们袭来，当自己碌碌无为的生活给予不了我们心中的渴望……这时，我们就应该及时醒悟，用一颗善于发现的心从生命的旅程中寻找幸福。慢慢地我们才发现，我们一直追寻的，其实就是生活中那点平淡、那点真实，我们渴望拥抱幸福、享受生命，却总是莽莽撞撞地找不到方向。我们会在庸庸碌碌的一生中，在物质享受中迷失自己，找不到归途，虽然在物质生活上得到了满足，却发现自己的内心竟是那样的空虚，没有丝毫的幸福感。

　　生命中的幸福需要我们自己去发掘，点燃对生命的热情，体会生命中的幸福，我们就会觉得生命是无止境的，我们不会为了生命的有限而哀婉叹息，因为在有限的生命中，你已经感受到了幸福的意义。

　　生命不能重来，我们更没有机会去浪费、去挥霍。珍惜自己生命中遇到的一切，及时感悟幸福，那么，即使在生命的尽头，也不会有所遗憾。

　　尽全力去享受生命，享受幸福吧！在生命这条单行线上，我们要把握好眼前的一切，体会并好好珍惜自己的幸福。把握生命，也就是把握幸福。